Jan Reiners

Urgroßvaters Dampfross

Als es in Deutschland noch dampfte

transpress

Einbandgestaltung: Luis dos Santos
Titelbild: Bei Erlangen verlässt 18 508 (S 3/6 3709) Mitte der 1920er-Jahre mit einem Schnellzug einen Tunnel. Die Firma Maffei lieferte die Lok 1924 an die Deutsche Reichsbahn mit der Fabriknummer 5558.
Rücktitel: 18 433 (S 3/6 349) donnert mit dem D-Zug Berlin–München die 1:40-Steigung bei Ludwigstadt auf der Frankenwaldrampe hinauf.
Fotos: Sammlung Töpelmann, Archiv transpress

Bildnachweis: siehe Seite 143

ISBN 978-3-613-71537-0

1. Auflage 2017

Sie finden uns im Internet unter www.transpress.de

Lektor: Hartmut Lange
Innengestaltung: Jürgen Knopf
Repro: Medien und Printprodukte, 74321 Bietigheim-Bissingen
Druck und Bindung: Gorenjski tisk storitve, 4000 Kranj
Printed in Slovenia

Inhalt

Preußische Lokomotiven bildeten auch bei der Deutschen Reichsbahn in vielen Bahnbetriebswerken das betriebliche Rückgrat. Das beweist diese Lokparade im Bw Saalfeld aus dem Jahr 1930 mit 38 2433, 38 1635, 38 1877, 91 1441, 38 1650, 38 1388, 57 3483 und 93 1257 (von links).

Auch im Bw Berlin Görlitzer Bf präsentiert sich dem Fotografen im Februar 1933 eine echte Preußin: Bis zum Jahre 1923 sind von der Gattung T 12, die der Heißdampftechnik in Preußen zum Durchbruch verhalf, fast 1.000 Maschinen gebaut worden. Die ersten Exemplare entstanden schon 1902, als die Union-Gießerei vier 1'Ch2-Maschinen lieferte.

Urgroßvaters Dampfross verändert die Welt

Die Dampflokomotive fasziniert bis heute. Kein Wunder, denn kein anderes Fahrzeug setzt Energie so spektakulär in Bewegung um. Zahlreiche Museumsdampfloks in Deutschland und dem europäischen Ausland beweisen das auch noch im 21. Jahrhundert.

Doch bei der nostalgischen Faszination wird häufig übersehen, dass es nicht nur in Deutschland, sondern in ganz Europa eine Zeit gab, in der die Dampflok die bedeutendste Traktionsart bei der Eisenbahn war.

Mit anderen Worten: Für die Generation unserer Urgroßväter stand die Dampflokomotive für Fortschritt, Mobilität und Modernität. Diese historische Epoche und ihre Entwicklung möchte dieses Buch in historischen Bildern dokumentieren, die überwiegend aus dem Archiv des Ingenieurs und Konstrukteurs Johannes Töpelmann (1902-1981) stammen, das der Verlag transpress beherbergt.

Dieses Archiv enthält in zahlreichen Ordnern Fotos der verschiedensten Dampfloktypen. Es reicht von den zahllosen Gattungen der Länderbahnen bis zu den Einheitslokomotiven der Deutschen Reichsbahn.

Im Mittelpunkt stehen Typenbilder. Doch auch der Einsatz der Dampfloks ist auf zahlreichen historischen Aufnahmen eindrucksvoll dokumentiert.

Auf diese Weise entsteht ein ausgewogene Darstellung über Bedeutung und Einsatz von Urgroßvaters Dampflok zwischen dem Ende des 19. Jahrhunderts und dem Beginn des Zweiten Weltkrieges.

Viel Spaß bei der Lektüre wünscht

Jan Reiners

»Hallo! Erwarte mich!« lautet die in Sütterlin-Handschrift verfasste/gedruckte Text auf dieser historischen Postkarte, deren eindeutige Botschaft eine herannahende Dampflok unter Volldampf – vermutlich eine Maschine der Baureihe 96 (Gt 2 x 4/4) – eindrucksvoll untermauert.

In einer Zeit in der man noch keine Kurznachrichten mit dem Mobiltelefon verschicken konnte und in der die wenigsten Menschen zu Hause einen Festnetzanschluss hatten, informierte man mit einer solchen Postkarte über seine korrekte Ankunftszeit. Damals wurde die Post in Großstädten sogar noch vormittags und nachmittags ausgetragen, sodass eine solche Karte ihr Ziel meist innerhalb von 24 Stunden erreichte.

Sammlung mit Geschichte

Johannes Töpelmann und sein Archiv

Geboren wurde Johannes Töpelmann am 8. Juni 1902 in Roßwein, einer Kleinstadt in Sachsen. Nach dem Abitur studierte er Maschinenbau an der Technischen Hochschule Dresden. Seine berufliche Karriere begann Johannes Töpelmann bei der Deutschen Reichsbahn nach der erfolgreichen Diplomprüfung. Bis zum Ende der 1940er-Jahre arbeitete er vornehmlich in unterschiedlichen Ausbesserungswerken, u. a. als Werkleiter und erwarb sich außerdem Verdienste als Konstrukteur. Gleich nach Kriegsende engagierte sich der Ingenieur bei der Deutschen Reichsbahn für den Wiederaufbau des Verkehrswesens in der sowjetischen Besatzungszone. Im

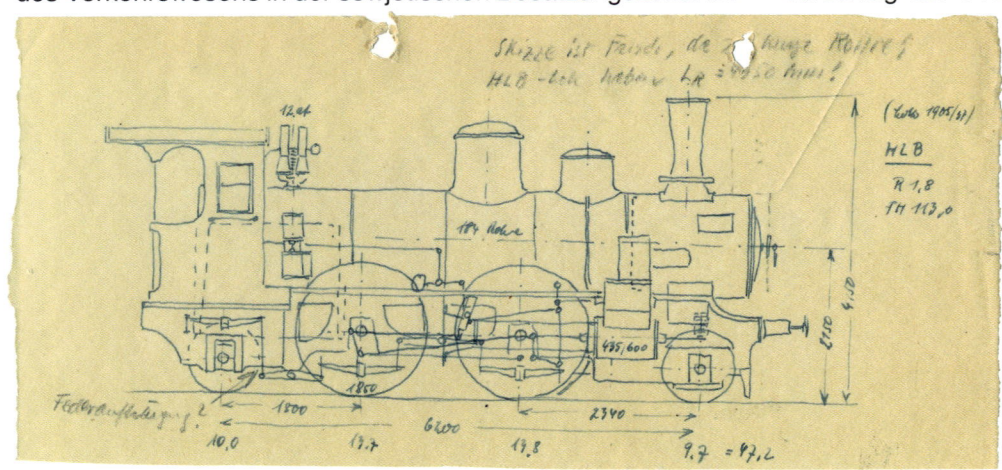

Johannes Töpelmann interessierte sich sehr für Dampfloks aus der sogenannten Länderbahnzeit. Diese Leidenschaft belegen seine Handskizzen. Diese zeigt eine Dampflok der HLB.

Jahr 1949 begann seine wissenschaftliche Tätigkeit im Zentralen Konstruktionsbüro der Vereinigung Volkseigener Betriebe (VVB) Lokomotiv- und Waggonbau (Lowa) – dem späteren Institut für Schienenfahrzeuge – das er von 1950 bis 1954 leitete.

Johannes Töpelmann war maßgeblich an der Konstruktion der Neubaudampflokomotiven für die DR beteiligt. Ebenso große Verdienste erwarb er sich bei der Entwicklung moderner Dieseltriebfahrzeuge für die DR. Er hatte maßgeblichen Anteil an der erfolgreichen Serienfertigung der dieselhydrau-

lischen Lokomotiven V 15, V 60, V 180 und des Schnelltriebzugs SVT 175 sowie der Leichtverbrennungstriebwagen für den Einsatz auf Nebenbahnen. In diesem Zusammenhang sorgte Töpelmann auch dafür, dass die entsprechenden Dieselmotoren und Strömungsgetriebe in der DDR entwickelt und produziert werden konnten. Außerdem nahm er an der Hochschule für Verkehrswesen »Friedrich List« in Dresden einen Lehrauftrag war und gehörte dem Beirat der angesehenen Fachzeitschrift »Deutsche Eisenbahntechnik« an.

Im Dezember 1964 verlieh ihm der Ministerrat der DDR auf Vorschlag der VVB Schienenfahrzeuge den Ehrentitel »Verdienter Techniker des Volkes«.

Obwohl er sich gerade auch beim Bau von Dieselfahrzeugen große Verdienste erwarb, galt das lebenslange Interesse des Ingenieurs Johannes Töpelmanns der Technik und Entwicklung der Dampflokomotive von ihren Anfängen bis in die Gegenwart. Davon zeugt nicht nur seine umfangreiche Fotosammlung, sondern dies beweisen auch seine zahlreichen Notizen zum Thema Dampflok. Darunter auch diverse technische Skizzen.

Johannes Töpelmann starb am 20. Dezember 1981 im brandenburgischen Wildau. Nach seinem Tod gelangte seine einzigartige Sammlung zum Verlag transpress. Sein umfangreiches Archiv unterstützte in den vergangenen Jahrzehnten zahlreiche Autoren bei ihren Publikationen mit wertvollem Bildmaterial.

Württembergische 2B-Lokomotiven aus den Jahren 1846 ÷ 1868.

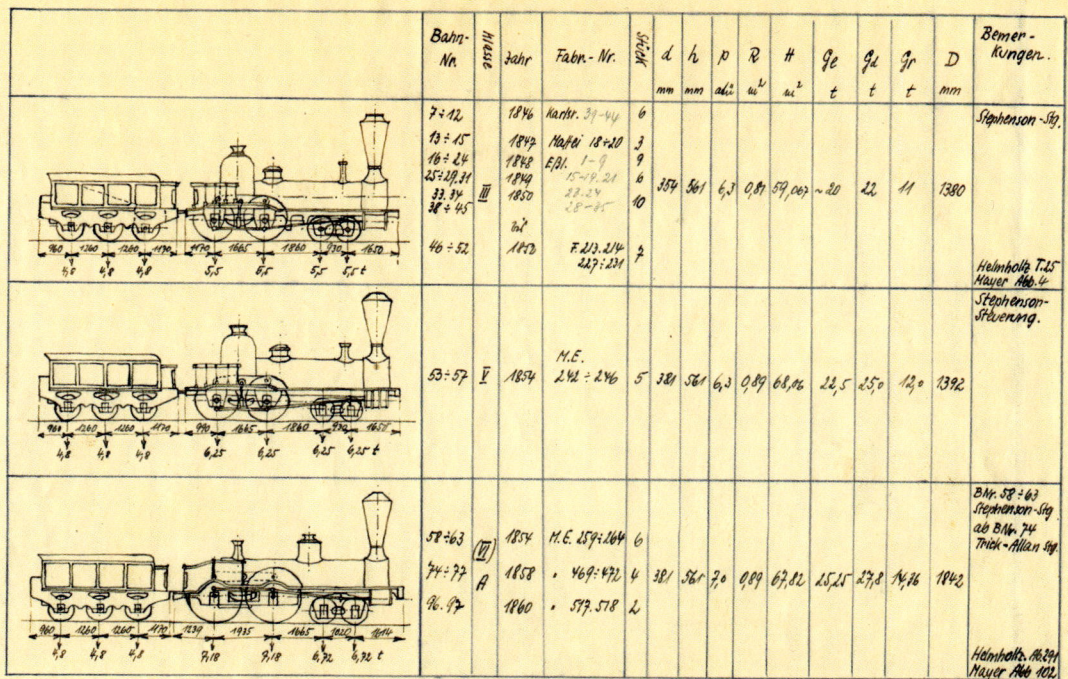

Auch für die frühe Phase der Eisenbahn hegte Johannes Töpelmann großes Interesse: eine Übersicht über württembergische 2-B-Lokomotiven aus den Jahren 1846 bis 1868.

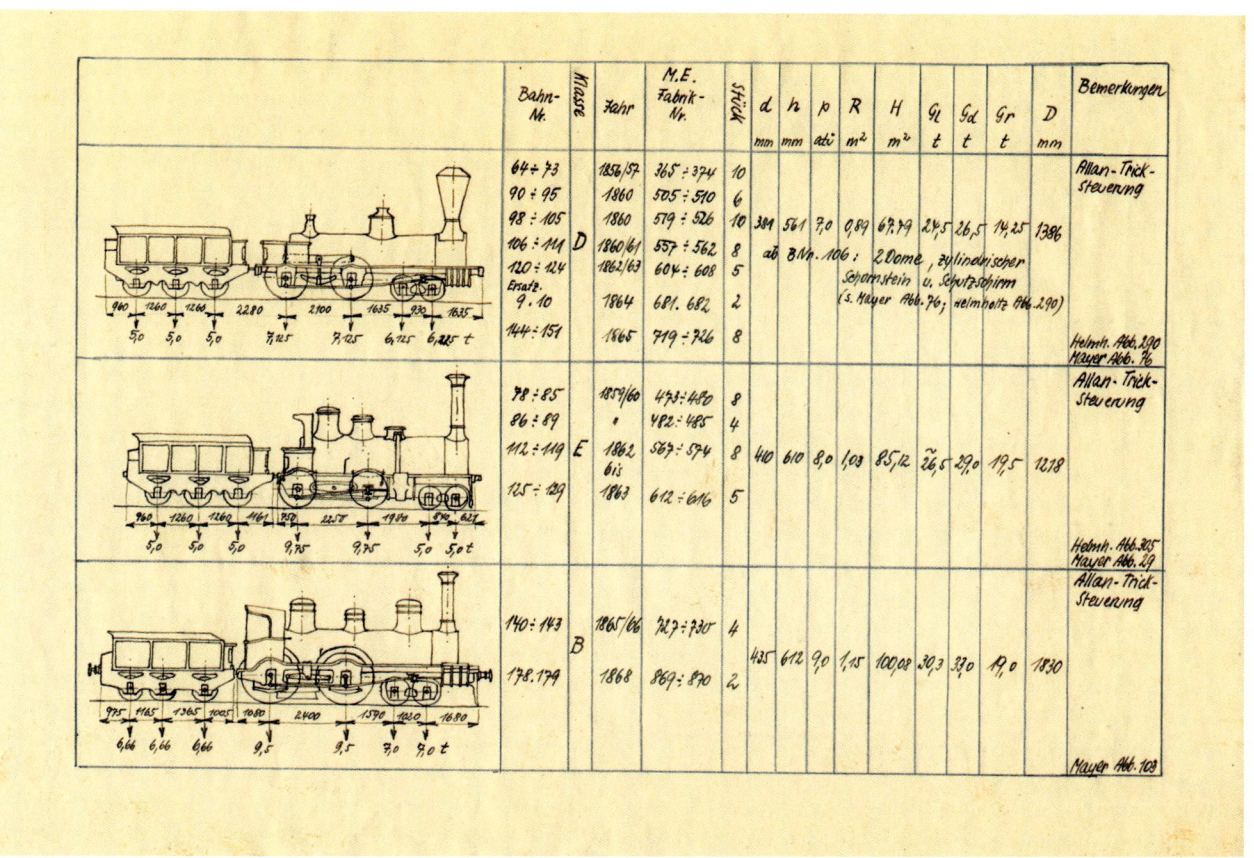

König Dampf regiert

Rund 100 Jahre – von der Eröffnung der ersten Strecke Deutschlands Nürnberg–Fürth im Jahre 1835 bis zum Beginn des Zweiten Weltkriegs – am 1. September 1939 war die Dampflokomotive die fast unumschränkte Herrscherin im deutschen Schienenverkehr.

Abfahrt mit zwei S 3/6: Mit dem schweren D 88 am Haken verlassen 18 450 und 18 502 am 10. Juli 1938 den Würzburger Hauptbahnhof.

Die Dampflok – Herrscherin einer Epoche

Die Dampflok galt als eines der wichtigsten Symbole des erfolgreichen Fortgangs der industriellen Revolution. Ihre Ankunft galt den Menschen in den jeweiligen Landstrichen als sichtbares Zeichen des technischen Fortschritts, der endlich seinen Weg zu ihnen fand. Dieser Fortschritt bestand aber nicht nur im wirtschaftlichen Aufschwung, der nun meist begann, sondern auch in einer neuen Mobilität, die plötzlich ungeahnte Reisemöglichkeiten bot. Diese waren für viele Menschen erschwinglich, die von längeren Reisen bislang noch nicht einmal zu träumen gewagt hatten.

Die Dampflok bewegte aber nicht nur die Menschen, sondern beförderte vor allem auch Güter. In einer Zeit, in der der Lkw der wichtigste Transporteur von Gütern ist, ist es nur noch schwer vorstellbar, welche Bedeutung die Eisenbahn – und damit einhergehend auch die Dampflok – für den Gütertransport einst hatte.

Diese Entwicklung stellte immer neue und wachsende Anforderungen an die Dampflok, von der immer größere Leistungen verlangt wurden. Sie wuchs mit der rasanten wirtschaftlichen Entwicklung, ja manchmal musste sie sich beeilen, um mit deren Tempo Schritt zu halten.

Dieses dramatische Wachstum erkennt schnell, wer einen kurzen Blick ins Ausland und hinweg über die Kontinente wagt. Stellt man die erste moderne Dampflok »Rocket« von George Stephenson aus dem Jahr 1829 neben den »Big Boy« von 1941 der Union Pacific, dann ergibt sich folgendes Bild: Aus einem zierlichen Dampfwagen, der mit einer angetriebenen Achse rund 20 t bewegte, war innerhalb von etwas mehr als 100 Jahren ein mächtiger Stahlkoloss geworden, der mit Hilfe von acht Kuppelachsen und zwei Triebwerken über 3.000 t schwere Züge durch die Rocky Mountains beförderte. Erst als die Elektro- und Diesellokomotiven ihren Siegeszug begannen, verlor die Dampflok ihren Wettlauf mit dem Fortschritt.

Heute weckt der Anblick einer Dampflok überwiegend nostalgische Gefühle. Doch noch immer weiß die Dampflok zu faszinieren. Denn keine andere von Menschen erdachte Maschine setzt Energie so eindrucksvoll in Bewegung um. Drei Element wirken dabei zusammen, die für die Zivilisationsgeschichte der Menschheit eine wichtige Bedeutung haben: Feuer, Wasser und Kohle.

Schwere Last der Monarchie: Für die Beförderung des Hofzuges von Kaiser Wilhelm II. waren gleich zwei Schnellzugloks der Gattung S5² der Preußisch-Hessischen Staatseisenbahnen notwendig.

Stolz Badens: Eindrucksvoll in Szene gesetzt ist diese Vierzylinder-Verbundlok der badischen Gattung IV f, die die Maschinenbau-Gesellschaft Karlsruhe 1909 mit der Fabriknummer 1794 für die Badische Staatsbahn baute. Bei der Deutschen Reichsbahn erhielt sie die Nummer 18 216.

Diese Aufnahme kann für jede Modellbahnanlage der Epoche I dienen: Eine S 3/6 der Bayerischen Staatsbahn überquert einen typischen Bahnübergang, an dem der Schrankenwärter salutierend zur vorschriftsmäßigen Zugbeobachtung bereit steht.

Mit der Fabriknummer 2146 lieferte die Lokomotivfabrik Krauß die Schnellzuglok der Gattung B X an die
Bayrische Staatsbahn, die ihr den Namen »Königs-
berg« und die Nummer 924 gab. Die Deutsche Reichsbahn reihte die Zweizylinder-Nassdampf-Verbundma-
schine als 34 7505 in ihren Bestand ein.

Ein Güterzug von Probstzella nach Rothenkirchen bewältigt bei Steinbach im Wald die bekannte Frankenwaldrampe. Gezogen
wird er von einer gigantischen Güterzugtenderlokomotive der bayrischen Gattung Gt 2 x 4/4. Diese eindrucksvollen Mallet-Ma-
schinen besaßen zwei vierfachgekuppelte Triebwerke je einer Vierzylinder-Verbund-Heißdampfmaschine.

Süddeutsche Mittelgebirgsstrecken waren das optimale Einsatzgebiet für die bayrische S 3/6: Eine Maschine dieser leistungsfähigen Gattung erreicht gleich mit dem L 64 den Bahnhof Geislingen an der Steige. Von dort geht es mit Nachschub die bekannte Geislinger Steige nach Amstetten auf der schwäbischen Alb hinauf. Bis heute ist dies einer der spektakulärsten Abschnitte auf der Reise von Stuttgart nach München.

S 3/6 18 466 mit dem Schnellzug D 39 München–Berlin bei Block Falkenstein im Frankenwald

Mit Volldampf zieht die 1901 von der Maschinenfabrik Esslingen an die Württembergische Staatsbahn gelieferte Lok 470 der Gattung AD den Personenzug von Stuttgart nach Ulm bei Esslingen durch das Neckartal. Bei der Gattung AD handelt es sich um eine Schnellzuglokomotive mit der Achsfolge 2'B und eine Zweizylinder-Nassdampf-Verbundtriebwerk.

Einheitslok im Einsatz: 24 067 bringt den Personenzug P 331 von Treysa nach Eschwege. Die Aufnahme entstand bei Maisfeld (Fulda).

44 007 vom Bahnbetriebswerk Rothenkirchen bringt einen Güterzug von Saalfeld nach Bamberg.

Rechts: Trotz ihrer Leistung von rund 2000 PS benötigt 44 007 eine Schiebelok der Baureihe 96, als sie mit ihrem Güterzug bei Lauenstein (Oberfr.) die Frankenwaldrampe heraufstampft.

Viele Typen, viel Technik –
die Loks der Länderbahnen

Bis zum Jahr 1920 besaß das Deutsche Reich keine eigene Staatsbahn. Damit stellte Deutschland aber in Europa keine Ausnahme dar, so besaßen beispielsweise Frankreich und Großbritannien in diesem Zeitraum ebenfalls keine Staatsbahnen. Eine deutsche Besonderheit waren allerdings die sogenannten Länderbahnen der deutschen Bundesstaaten Baden, Bayern, Mecklenburg, Oldenburg, Sachsen, Württemberg und Preußen.

Im Jahr 1900 lieferte die Firma Hartmann diese Schnellzuglok der Gattung IIc 5 an die Badische Staatsbahn. Die Zweizylinder-Nassdampf-Maschine hatte die Achsfolge 2'B.

Die Länderbahnen bis 1920

Seit der Gründung des Deutschen Reiches hatte es starke Bestrebungen gegeben, eine nationale Bahngesellschaft zu gründen. Bereits kurze Zeit nach der Proklamation des preußischen Königs Wilhelm I. (1797–1888) zum deutschen Kaiser im Spiegelsaal von Versailles am 18. Januar 1871 bemühte sich Reichskanzler Otto von Bismarck (1815–1898) u.a. um die Schaffung einer einheitlichen deutschen Staatsbahn. Dieser Idee lagen in erster Linie militär-strategische Gedanken zu Grunde. Doch Bismarcks Vorhaben scheiterte 1875 vor allem am Widerstand der süddeutschen Länder, die ihre Autonomie in Eisenbahnfragen verteidigten. Gleichwohl verlief die Entwicklung in den einzelnen Bundesstaaten ähnlich. Zunächst überließen die meisten Regierungen privaten Unternehmen den Bau und Betrieb von Eisenbahnen. Ab 1855 engagierten sich die Länder beim Bau neuer Strecken. Rund 20 Jahre später setzte sich die Idee der Staatseisenbahn durch. Die Länder übernahmen schrittweise die großen Eisenbahn-Gesellschaften. So entstanden im Großherzogtum Baden, im Königreich Bayern, im Großherzogtum Mecklenburg-Schwerin, im Großherzogtum Oldenburg, im Königreich Sachsen und im Königreich Württemberg so genannte »Länderbahnen«.

Gleich fünf Männer haben sich auf dieser Zweizylinder-Nassdampflok der Gattung P 3.1 der Preußischen Staatbahn in Positur gestellt. Die Maschinen wurden zwischen 1884 und 1899 gefertigt.

Mit Volldampf bringt diese P 3.1 der Preußischen Staatsbahn ihren Personenzug ans Ziel. Aufnahmen fahrender Züge aus der Zeit vor dem Ersten Weltkrieg sind selten.

Exemplarisch lässt sich dieses Vorgehen am größten Bundesstaat, dem Königreich Preußen zeigen, wo Bismarck als Ministerpräsident seine Ideen umsetzen konnte.

Das Königreich Preußen hatte seinen Einfluss in der Eisenbahnpolitik in den ersten Jahrzehnten auf die hoheitlichen Rechte beschränkt, wie z.B. die Vergabe von Konzessionen und Baugenehmigungen sowie auf die Erhebung von Steuern und Abgaben. Gleichwohl wurde der Staatsbahn-Gedanke bereits in den 1850er-Jahren erstmals erörtert. Erster Protagonist dieser Idee war der ab 17. April 1848 amtierende Minister für Handel, Gewerbe und öffentliche Arbeiten August Freiherr von der Heydt (1801–1874). Doch von der Heydt konnte lediglich den Bau der Königlichen Ostbahn und der Berliner Ringbahn auf Staatskosten durchsetzen. Außerdem übernahm das Königreich Preußen noch am 1. Oktober 1850 die Westfälische Eisenbahn und am 15. Oktober desselben Jahres die Saarbrücker Eisenbahn, die gemeinsam mit der Ostbahn den Kern der Preußischen Staatsbahn bildeten. Ansonsten räumte die preußische Politik den privaten Eisen-

bahngesellschaften den Vorrang ein. Für die Verwaltung der dem Staat unterstehenden Strecken wurden per Erlass am 16. Dezember 1872 in Berlin, Breslau, Bromberg, Elberfeld (Wuppertal), Hannover, Kassel, Münster, Saarbrücken und Wiesbaden die ersten Königlichen Eisenbahn-Direktionen (KED) eingerichtet.

Erst der ab 1878 amtierenden preußische Handelsminister Albert von Maybach (1878–1904) plädierte mit Unterstützung des Reichskanzlers und preußischen Ministerpräsidenten Otto von Bismarck für einen Richtungswechsel in der Eisenbahn-Politik. Nach dem Bismarck, wie oben bereits erwähnt, mit seinen Vorstellungen von einer reichseigenen Eisenbahn im Bundesrat vor allem am Widerstand der süddeutschen Länder gescheitert war, versuchten er und Albert von Maybach nun den Staatsbahngedanken wenigstens in Preußen, dem größten Land im Deutschen Reich, durchzusetzen. Der Handelsminister plädierte aus volkswirtschaftlichen Gründen für die Übernahme der wichtigsten Privatbahnen in Preußen und deren Zusammenfassung in einer straff organisierten

Halt am Bahnsteig: Aufmerksam verfolgen Lokführer, Heizer und Schaffner die Arbeit des Fotografen, als er ihre P 3.2 ablichtet. Die Zweizylindernass-Dampfloks besaßen ein Verbundtriebwerk.

Staatsbahn-Verwaltung. Mit Hilfe einer effizienten und profitablen Staatsbahn wollte der Handelsminister das Streckennetz im Königreich Preußen systematisch ausbauen. Dabei sollten auch die abseits der bereits bestehenden Hauptbahnen liegenden Landstriche eisenbahntechnisch erschlossen werden. Die Ideen Albert von Maybachs stießen zunächst auf Skepsis bei einigen Minister-Kollegen und im preußischen Parlament. Erst nach zahlreichen Debatten änderten sich Ende der 1870er-Jahre die Mehrheiten im Landtag und im Herrenhaus. Damit war der Weg für den Auf- und Ausbau der Preußischen Staatsbahn geebnet.

Für das Königreich Preußen war dies jedoch mit erheblichen finanziellen Belastungen verbunden, denn der Staat konnte die Gesellschafter der Unternehmen nicht enteignen. Mit jeder Gesellschaft mussten komplizierte Übernahmeverträge verhandelt werden. Darin verpflichtete sich das Königreich Preußen u.a. zur Übernahme aller Verbindlichkeiten. Die Aktionäre erhielten hingegen bis zur Liquidation der Gesellschaft jährlich eine feste Zinszahlung. Die Aktien wurden in Schuldverschreibungen umgewandelt. Einige Gesellschaften wechselten sofort in das Eigentum des Staates, während sich bei anderen dieser Prozess über Jahre hinzog. Die Verwaltung und Betriebsführung wurde hingegen sofort zu dem vereinbarten Zeitpunkt übernommen. Die Aktionäre der Bahngesellschaften standen den Bestrebungen des Königsreichs Preußen höchst unterschiedlich gegenüber. Die Teilhaber der Berlin-Potsdam-Magdeburger Eisenbahn-Gesellschaft (BPME) trennten sich 1880 gerne von ihren Papieren, da das Unternehmen durch den jahrelange Wettbewerb mit der Magdeburg-Halberstädter Eisenbahn-Gesellschaft (MHE) keine großen Dividenden mehr abwarf. Völlig anders sah es bei der Berlin-Hamburger Eisenbahn-Gesellschaft (BHE) aus. Diese

Die Lokfabrik Grafenstaden lieferte zwischen 1899 und 1902 insgesamt 18 Loks der Bauart 2'Cn4v »nach besonderer Zeichnung« – die spätere P 7 – an die Preußische Staatsbahn. Ihr Laufdrehgestell besaß einen Außenrahmen, um Platz für das Niederdruck-Innentriebwerk zu gewinnen.

konnte 1882 noch eine Dividende in Höhe von 19,5 % ausschütten. Entsprechend großzügig musste das Königreich Preußen die Gesellschafter entschädigen, bevor die BHE ab 1884 zur Preußischen Staatsbahn gehörte. Bis 1890 hatte das Königreich Preußen alle wichtigen Gesellschaften übernommen. In den folgenden Jahren wurden nur noch kleine Unternehmen verstaatlicht. Zwischen 1872 und 1914 gab das Königreich Preußen exakt 4.394.711.968 Mark für rund 16.000 km Strecke aus.

Carl von Thielen, der 1892 die Leitung des Ministeriums der öffentlichen Arbeiten übernahm, passte in den folgenden Jahren die Struktur der Preußischen Staatsbahn dem ständig wachsenden Streckennetz an. Betrieb die Preußische Staatsbahn 1876 rund 17.000 km Strecke, waren es 1895 bereits etwa 26.000 km. Für deren Verwaltung waren elf Direktionen mit 75 nachgeordneten Betriebsämtern, Maschinen- und Werkstätteninspektionen verantwortlich. Nach gründlichen Vorarbeiten erlangte die neue Gliederung der Preußischen Staatsbahn mit »Allerhöchstem Erlaß« des preußischen Kö-

nigs am 15. Dezember 1894 Gesetzeskraft. Am 1. April 1895 nahmen schließlich die insgesamt 20 Direktionen ihre Arbeit auf. Die Grundstruktur dieser Gliederung vom Ministerium bzw. der Hauptverwaltung über die Direktionen und die Zwischeninstanzen (Ämter) bis hinunter zu den örtlichen Dienststellen behielt für fast 100 Jahre Gültigkeit. Erst mit der Gründung der Deutschen Bahn AG am 1. Januar 1994 wurden völlig neue Strukturen eingeführt.

Wegweisend war die Preußische Staatsbahn auch bei der Einführung der notwendigen Bestimmungen, um einen einheitlichen Fahrzeugbau zu gewährleisten (siehe Kasten).

Das Königreich Preußen und das Großherzogtum Hessen bildeten ab 1896 eine Betriebs- und Finanzgemeinschaft. Dank des wirtschaftlichen Aufschwungs am Ende des 19. Jahrhunderts und des kontinuierlichen Ausbaus des Streckennetzes entwickelten sich die Länderbahnen zu Gewinn bringenden Unternehmen.

Diese wirtschaftliche Erfolgsgeschichte sollte erst mit dem Ersten Weltkrieg ihr Ende finden (vgl. Kapitel 3 / Seite 39).

Einführung der Normalien bei der Preußischen Staatsbahn

In der Frühzeit der Eisenbahn gab es keine einheitlichen Grundsätze für den Bau von Lokomotiven und Wagen. Jede Privatbahn und jede Staatsbahn ließ ihre Fahrzeuge entsprechend den weitgefassten technischen Vereinbarungen des »Vereins Deutscher Eisenbahnverwaltungen« konstruieren. Einheitliche Fahrzeuge gab es daher nur innerhalb der Bahngesellschaften. Dies brachte zunächst keine Nachteile mit sich, da jedes Unternehmen selbstständig agierte. Während des Deutsch-französischen Krieges 1870/71 zeigten sich jedoch erstmals die Nachteile der Typenvielfalt, da nun erstmals die Eisenbahn als Transportmittel eine wichtige Rolle spielte. Nun kamen einzelne Fahrzeuge auch bei anderen Bahngesellschaften zum Einsatz. Doch hier waren die Eisenbahner mit der Bedienung und Unterhaltung dieser Loks nicht vertraut.

Angesichts dieser Erfahrungen setzte sich bereits im Herbst 1871 bei der Preußischen Staatsbahn die Erkenntnis durch, dass dieses Problem nur mit der Einführung einheitlicher Konstruktionen beseitigt werden konnte. Doch das war leichter gesagt als getan. Im Oktober 1871 begann eine Kommission aus Vertretern der Preußischen Staatsbahn und der vom preußischen Staat verwalteten Bahnen mit der Ausarbeitung einheitlicher Konstruktionsgrundsätze für Güterwagen. Da jede Bahn versuchte, ihre Grundsätze zur Grundlage des gemeinsamen Wagenparks zu machen, kam die Kommission nur langsam voran. Erst mit der Übernahme der wichtigsten Eisenbahngesellschaften in Preußen ab Mitte der 1870er-Jahre konnte das von Heinrich von Achenbach geführte Ministerium für Handel, Gewerbe und öffentliche Arbeiten wieder das Thema »einheitliche Baugrundsätze« aufgreifen. Der Minister beauftragte am 15. März 1875 die Direktion der Niederschlesisch-Märkischen Eisenbahn, in Zusammenarbeit mit Experten der anderen vom preußischen Staat verwalteten Bahnen Entwürfe für Lokomotiven sowie Personen- und Güterwagen

Hanomag lieferte 1891 die Schnellzuglokomotive »Bromberg 29« der Gattung S 1 an die Preußische Staatsbahn. Es handelte sich um eine Zweizylinder-Nassdampf-Maschine.

für die im Bau befindliche »Kanonenbahn« Berlin–Sanders-leben–Wetzlar aufzustellen. In diesem Zusammenhang wurde schließlich die so genannte Normalien-Kommission gebildet, die im Juni 1875 unter dem Vorsitz des Obermaschinenmeis-ters der Niederschlesisch-Märkischen Eisenbahn, Hermann Gust, seine Arbeit aufnahm. Zwar stieß Gust zunächst wie-der auf die Vorbehalte der Vertreter der anderen Bahngesell-schaften, es gelang ihm jedoch, gemeinsame Konstruktions-grundsätze durchzusetzen. Die neuen Normalien-Maschinen sollten möglichst einfach sein, eine hohe Leistung besitzen sowie möglichst günstig in Beschaffungs-, Betriebs- und In-standhaltungskosten sein. Mit dieser Maßgabe begann das maschinentechnische Büro der Niederschlesisch-Märkischen Eisenbahn mit der Konstruktion einer Personen- und einer Güterzuglok für die »Kanonenbahn«. Beide Typen erhielten einen Tender der Bauart 3 T 10,5. Auf eine einheitliche Ten-derlok konnten sich die Mitglieder der Kommission aufgrund der unterschiedlichen Anforderungen nicht einigen. Gleich-wohl waren damit die Weichen für einheitliche Fahrzeuge bei der Preußischen Staatsbahn gestellt. Minister Heinrich von Achenbach legte in seinem am 10. Juli 1875 unterzeichneten Erlass II. 11 982 fest, dass fortan nur noch »*Normallokomoti-ven, Normalwagen und genormte Einzelteile*« zu beschaffen seien.

In der Zwischenzeit wurden die Entwürfe für die ersten Nor-mallokomotiven noch einmal überarbeitet, bevor sie vom Mi-nisterium als so genannte Musterblätter genehmigt wurden und die ersten Maschinen in Auftrag gegeben werden konn-ten. Im Herbst 1877 wurden die ersten preußischen Normallo-komotiven schließlich in Dienst gestellt. Die später als G 3 und P 3 bezeichneten Maschinen erwiesen sich als ausgezeich-nete Konstruktionen. Sie bildeten die Grundlage für die späte-ren meist sehr erfolgreichen Entwicklungen der Preußischen Staatsbahn. Die Personale schätzten die P 3 und die G 3, die sehr leistungsfähig, einfach und robust waren. Die ersten Musterblätter für Tenderlokomotiven wurden 1882 aufgestellt. Dabei handelte es sich um eine zwei- und eine dreifachge-kuppelte Maschine (T 2 bzw. T 3). Im Laufe der Jahre entstan-den zahlreiche weitere Musterblätter. Höhepunkt und Ende der preußischen Normallokomotiven markieren die nach dem Ende des Ersten Weltkrieges fertig gestellten Gattungen P 10 (DRG-Baureihe 39.0–2) und T 20 (DRG-Baureihe 95.0).

Nach der Ver-staatlichung der meterspurigen Strecke Eisfeld–Schönbrunn im Jahr 1895 erhiel-ten die Preußi-schen Staatsbah-nen 1897 von der Maschinenfabrik Christian Hagans in Erfurt einen neuen Dreikupp-ler, dem sie die Gattungsbezeich-nung T 32 gaben. Der Dreikuppler war bis 1922 im Einsatz und an-schließend an die LAG veräußert.

Vielfalt der der Technik

Die Lokparks der Länderbahnen zeichneten sich durch eine Vielfalt der Fahrzeuge und der Antriebstechnik aus. In immer kürzeren Zeiträumen stiegen die Anforderungen an die Leistung der Lokomotiven. Sowohl Personen- als auch Güterzüge wurden ständig schwerer und sollten schneller unterwegs sein. Eine besondere Bedeutung kam da bei der Einführung der Heißdampftechnik zu, die sich gegenüber dem herkömmlichen Nassdampfantrieb als wirtschaftlicher erwies. Trotzdem dauerte es lange, bis ihrer Leistungsfähigkeit überall anerkannt wurde.

Zu Kontroversen Diskussionen führte auch immer wieder die Antriebstechnik der Lokomotiven. Während die Preußische Staatsbahn wegen der geringeren Unterhaltskosten die Zweizylinder-Dampfmaschine bevorzugten, setzten die süddeutschen Länderbahnen auf die Vierzylinder-Verbund-Technik (siehe Kasten), deren Leistungsparameter sich für die geforderten Einsatzprofile als wirtschaftlicher erwiesen. Nachfolgend ein Ausschnitt über die Vielfalt der Loktypen bei den deutschen Länderbahnen.

Zweifellos gehörte die Gattung S 3/6 zu den formschönsten deutschen Schnellzugloks mit Verbundtechnik.

Funktion einer Verbundlok

Bei einer Verbundlok wird der Dampf in zwei Arbeitsschritten entspannt. Zuerst gelangt der Dampf in den Hochdruckzylinder. Bei Vierzylinderverbund-Maschinen sind die deutlich kleineren Hochdruckzylinder meist in der Fahrzeugmitte angeordnet. In den Hochdruckzylindern wird der Dampf im ersten Arbeitshub teilentspannt.

Über den Verbinder strömt der Dampf zum Niederdruckzylinder, wo der Dampf völlig entspannt wird. Die Niederdruck-Zylinder besitzen gegenüber den Hochdruckzylindern einen deutlich größeren Durchmesser und sind meist außen am Rahmen befestigt.

Verbundlokomotiven gibt es mit zwei, drei oder vier Zylindern. Vierzylinderverbund-Maschinen haben einen sehr guten Mas-

senausgleich und hervorragende Laufeigenschaften. Aus diesem Grund wurden vor allem Schnellzugloks mit einem Vierzylinderverbund-Triebwerk ausgerüstet. Die Verfechter der Verbund-Technik unterstrichen außerdem, dass diese aufwändigen Triebwerke weniger Wasser und Kohle verbrauchen würden. Vor allem die süddeutschen Länderbahnen setzten auf Verbund-Maschinen, deren vielteilige Triebwerke jedoch in der Konstruktion, Beschaffung und Unterhaltung sehr teuer und damit letztlich den einfacheren Zwei- und Dreizylinderloks in wirtschaftlicher Hinsicht unterlegen waren. Die DRG beschaffte fast ausschließlich Maschinen mit einfacher Dampfdehnung. Nur einige Versuchs- und Probeloks hatten ein Verbundtriebwerk.

Ebenfalls zur Gattung S 1 zählte »Magdeburg 39« (Henschel 1890). Die Gattung S 1 entstand Anfang der 1880er-Jahre auf Anregung der KED Magdeburg, die eine leistungsfähige Schnellzuglok für die Hauptstrecke Berlin–Stendal–Lehrte benötigte.

Auf Initiative des Geheimen Baurats Robert Garbe untersuchte die Preußische Staatsbahn ab 1898 den Einsatz der Heißdampf-technik bei Lokomotiven. Die Ergebnisse fanden ihren Niederschlag in der Gattung S 4. Die Aufnahme zeigt die S 4 »Cassel 401« (Vulkan 1898).

Zwischen 1857 und 1887 lieferte die Maschinenbaugesellschaft Karlsruhe 59 Personenzugloks der Gattung IVC an die Badische Staatsbahn. Die Zweizylinder-Nassdampf-Maschinen hatten die Achsfolge 1'B.

Die Personenzugloks der Gattung Va erbaute die Maschinenbaugesellschaft Karlsruhe 1860–63 für die Badische Staatsbahn.

Für den Einsatz auf der Schwarzwaldbahn orderte die Badische Staatsbahn bei Maffei 1891 insgesamt 14 Tenderloks der Gattung IVd.

Eine S 3/6 aus dem Baulos von 1912 (3624–3641). Die Treibräder dieser Lok wiesen einen Durchmesser von zwei Metern auf.

Die Gattung C III wurde ursprünglich an die Bayerische Ostbahn geliefert.

Eine Lok der Gattung C III der Bayerischen Staatsbahn rangiert in einem unbekannten Bahnhof.

Die Gattung T 4 war die einzige Eigenentwicklung der Großherzoglich Mecklenburgischen Friedrich-Franz-Eisenbahn. Die Reichsbahn reihte die Maschinen als Baureihe 1919 ein. Henschel lieferte die Lok 91 1904 im Jahr 1900.

Als 34 7151 reihte die Reichsbahn die ehemalige Lok Nr. 121 der Mecklenburgischen Friedrich-Franz-Eisenbahn ein. Die Lok der preußischen Gattung P 31 rangiert im Hauptbahnhof Schwerin.

In Mecklenburg griff man gerne auf bewährte Konstruktionen der Preußen zurück, so auch auf die Gattung P 4², zu der auch die spätere 36 657 gehörte.

Lok 55 5801, eine preußische G 8¹, wurde im Jahr 1918 ursprünglich als Lok 481 von LHW an die Großherzoglich Mecklenburgischen Friedrich-Franz-Eisenbahn geliefert.

Eine oldenburgische Spezialität war die Ventilsteuerung der Bauart Lentz, die auch die G 7 232 »Wangerland« besaß, die Hanomag 1912 lieferte.

Auch die G 7 254 »Landwührden« fertigte Hanomag 1914 mit einer Lentz-Ventilsteuerung.

Auch in Oldenburg griff man gern auf preußische Entwicklungen zurück: Hanomag lieferte diese P 4¹ als Lok 132 »Condor« an die Oldenburgische Staatsbahn.

Mir seitlichen Wasserkästen rüstete man die Tenderloks der Gattung IV T erst später aus. Die Loks standen bis in die 1930er-Jahre im Einsatz.

Die sächsischen XVIII H überzeugten durch ihr hervorragendes Beschleunigungsvermögen und ihre Laufruhe und bewährten sich als beste Schnellzugdampflok der K.Sächs.Sts.E. viele Jahre im schweren Reisezugdienst. So auch Lok 18 005.

Die Tenderloks der Gattung IV T erhielt die K.Sächs.Sts.E. erstmals im Jahr 1900. Beklagt wurde das starke Schlingern der Lok bei höheren Geschwindigkeiten.

Die Loks der Baureihe 180 (ex sächsische XVIII H) wurden meist im Schnellzugdienst auf der Strecke Dresden–Berlin eingesetzt. Dazu zählte auch 18 010.

Von den Länderbahnen zur Reichsbahn

Die Gründung der Deutsche Reichsbahn war ein Ergebnis des Ersten Weltkrieges, an dessen Ende eine Revolution das Kaiserreich und die Monarchie durch eine demokratische Republik ersetzte. Denn während der gesamten Zeit seines Bestehens hatte das Kaiserreich keine Reichsbahn besessen (vgl. Seite 20). Erst 1920 erhielt das Deutsche Reich eine nationale Staatsbahn, ebenfalls als ein Ergebnis des Ersten Weltkriegs.

Keine Konkurrentinnen: Friedlich warten die Einheitslok 03 042 und die bayerische S 3/6 18 452 auf ihren nächsten Einsatz.

Gründung der Reichseisenbahnen 1920

Bereits während des Krieges hatten ständig steigende Betriebsausgaben und immer höhere Zwangsabgaben an das Deutsche Reich die finanzielle Basis der Länderbahnen erheblich beschädigt, die nun Verluste verbuchten. Außerdem waren kaum noch Mittel für die Unterhaltung der Fahrzeuge und Anlagen vorhanden, so dass die Länderbahnen ungefähr seit dem Jahr 1916 immer mehr auf Verschleiß fahren mussten.

Diese Situation verschärfte sich nach dem Ende des Ersten Weltkrieges, denn der am 11. November 1918 im Wald von Compiégne abgeschlossene Waffenstillstandsvertrag verpflichtete das Deutsche Reich zur Abgabe von 5.000 Dampfloks und 150.000 Wagen. Die Bestimmungen des Versailler Vertrages vom 28. Juni 1919 sahen die Abgabe von insgesamt 8.000 Loks sowie 13.000 Personen- und 280.000 Güter-

Vier ehemalige Länderbahnloks werden im Bw Hagen-Eck für ihre nächsten Einsätze vorbereitet. 55 540 sind dies 38 2196, 38 2194 und 39 141 (v.l.).

DIE LOKOMOTIVEN.

Schwere deutsche Lokomotiven auf dem Weg zur Übergabestelle.

Aufnahme v. Paul Hommel, Stuttgart

Zu den hohen Reparationsleistungen, die Deutschland nach dem Ersten Weltkrieg erbringen musste, zählte auch die Abgabe einer großen Zahl von Lokomotiven an die ehemaligen Gegner. Eine solche Szene gibt diese Postkarte wieder, die einen Lokzug auf dem Weg zur Grenze zeigt. An der Spitze die fabrikneue Güterzuglok 5674 der bayrischen Gattung G 4/5 H, die Maffei 1918 mit der Fabriknummer 4961 an die Bayrische Staatsbahn geliefert hatte. Die Maschine mit der Achsfolge 1'D besaß ein Vierzylinderverbund-Heißdampftriebwerk. Die Chemins de fer de l'État (ETAT) reihte sie als 140-949 ein.

wagen vor, die aus den Fahrzeugbeständen der Länderbahnen entnommen wurden.

In der Zwischenzeit hatten sich auch die politischen Verhältnisse im Deutschen Reich grundlegend geändert. Nach dem Rücktritt Kaiser Wilhelms II. (1859–1941) am 9. November 1918 verzichteten auch die anderen deutschen Fürsten auf ihre Herrschaftsansprüche. Die Länderbahnen blieben jedoch bestehen. Dies änderte sich erst mit der Verabschiedung der neuen Verfassung am 11. August 1919 in Weimar. Der Artikel 89 verlangte vom Deutschen Reich, »*die dem allgemeinen Verkehr dienenden Eisenbahnen in sein Eigentum zu überführen und als einheitliche Verkehrsanstalt zu verwalten*«. Dies führte am 1. Oktober 1919 zur Gründung des Reichsverkehrsministeriums (RVM). Die neue Behörde

hatte ihren Sitz im Gebäude des bisherigen preußischen Ministeriums der öffentlichen Arbeiten (MdöA) in der Wilhelmstraße 79/80. Der zum Verkehrsminister berufene Johannes Bell (1868–1949) nahm umgehend die Verhandlungen mit den Bundesländern auf. Beide Seiten waren sich nach nur wenigen Monaten handelseinig. Bereits am 20. April 1920 unterzeichneten das Deutsche Reich und die acht Bundesländer, die eine eigene Staatsbahn besaßen, den »Staatsvertrag über den Übergang der Staatseisenbahnen auf das Reich«. Dieser trat rückwirkend zum 1. April 1920 in Kraft. Das Deutsche Reich zahlte den Ländern für das insgesamt 53.559 km lange Streckennetz 39 Milliarden Mark. Die übernommenen Länderbahnen firmierten zunächst als »Reichseisenbahnen«.

Preußische Lokparade im Bw Neuß im Jahr 1931: 38 264x; 38 3116, 55 3420, 55 2764, 55 3873, 55 xxxx, 38 3113 und 36 006 (v.l.).

Erst Verkehrsminister Wilhelm Groener (1867–1939) führte per Erlass am 27. Juni 1921 die Bezeichnung »Deutsche Reichsbahn« ein. Zu den wichtigsten Aufgaben des RVM gehörte die Einführung einer einheitlichen Verwaltungsstruktur. Das Eisenbahn-Zentralamt (EZA; ab 23.03.1927: Reichsbahn-Zentralamt) führte am 6. Juli 1922 die Reichsbahndirektionen (RBD) ein. Bereits seit dem 10. Juni 1922 gab es eine neue Struktur für den Betriebsmaschinendienst. Die örtlichen Dienststellen hießen nun »Bahnbetriebswerk« (Bw), denen

teilweise Lokbahnhöfe (Lokbf) unterstellt waren. Als Instanz zwischen den Bahnbetriebswerken und den Direktionen fungierten die Maschinenämter (ab 01.04.1927: Reichsbahn-Maschinenamt).

Parallel dazu begann die Reichsbahn, den Betrieb umfassend zu rationalisieren. Dazu gehörte auch die Modernisierung des Fahrzeugparks, der 1920 aus rund 275 verschiedenen Bauarten bestand. Durch die Beschaffung neuer typisierter Gattungen – der Einheitsloks (siehe Kapitel 4) – sowie die Ver-

Zwischen 1910 und 1914 lieferte die Firma Hartmann insgesamt 18 B'B'-Tenderloks der Bauart Meyer (Gattung I TV) für den Einsatz auf der steilen und kurvenreichen »Windbergbahn« von Freital nach Possendorf an die Königlich-Sächsische Staatsbahn. Zur DRG gelangten 1925 noch 15 Lokomotiven, die mit den Betriebsnummern 98 001–015 versehen wurden. Die Aufnahme zeigt 98 006 mit einem Personenzug bei Freital.

Die Streckennetze der Bundesländer (Stand 31.12.1919)	
Bundesland	Streckennetz (km)
Baden	1.899
Bayern	8.526
Hessen	1.307
Mecklenburg-Schwerin	1.177
Oldenburg	681
Preußen	34.443
Sachsen	3.370
Württemberg	2.156
Gesamt	53.559

wendung genormter Baugruppen und Teile sollten die Kosten gesenkt werden, da die Reichsbahn ab 1924 enorme Gewinne erwirtschaften musste. Das Deutsche Reich hatte seine Staatsbahn mit der Annahme des Dawes-Planes – benannt nach dem US-amerikanischen Politiker Charles Gates Dawes (1865–1951) – zur Begleichung der im Versailler Vertrag festgelegten Reparationszahlungen verpfändet und in die privatrechtlich organisierte Deutsche Reichsbahn-Gesellschaft (DRG) umgewandelt. Die DRG wickelte ab 11. Oktober 1924 den Betrieb ab und musste bereits im Geschäftsjahr 1924/25 einen Gewinn von 330 Millionen Reichsmark an die »Bank für

Bei ihrer Indienststellung im Frühjahr 1918 war die sächsische XX HV (DRG-Baureihe 19⁰) die größte Schnellzug-Dampflok Europas. Die Maschinen wurden meist auf der Strecke Dresden–Hof eingesetzt.

Internationalen Zahlungsausgleich« in Basel überweisen. Bis 1927/28 stieg diese Summe auf 660 Millionen Reichsmark an. Der Plan sah vor, dass die Reparationszahlungen erst im Jahr 1966 auslaufen sollten.

Geleitet wurde die DRG von einer Hauptverwaltung, der ein Generaldirektor vorstand. Diese Funktion übernahm zunächst Rudolf Oeser. Nach dessen Tod 1926 leitete Julius Dorpmüller (1869–1945) die Geschicke der DRG, die während der Weltwirtschaftskrise in ernste finanzielle Schwierigkeiten geriet. Die Einnahmen sanken von 5,19 Milliarden Reichsmark 1929 auf 2,93 Milliarden Reichsmark 1932. Da die DRG nicht mehr

ihren Zahlungsverpflichtungen nachkommen konnte, wurde auf der 2. Haager Konferenz (03.–20.01.1930) der Young-Plan – benannt nach dem Präsidenten der Sachverständigenkommission Owen P. Young (1874–1962) – verabschiedet. Die Zahlungsverpflichtungen der DRG wurden durch eine so genannte »Reparationssteuer« ersetzt. Allerdings wurden die Zahlungen am 1. Juli 1931 eingestellt.

Bereits wenige Monate nach ihrer Machtübernahme am 30. Januar 1933 begannen die Nationalsozialisten damit, den Rechtsstatus der DRG schrittweise zu ändern. Ab 1934 wurde wieder der Begriff »Deutsche Reichsbahn« verwendet. Die ju-

78 008, eine preußische T 18, rangiert in Saßnitz-Fährhafen einen D-Zug auf die Fähre nach Schweden.

ristisch richtige Bezeichnung DRG wurde ab 1936 nur noch in rechtsverbindlichen Unterlagen und Schriftwechseln verwendet. Erst mit dem ab 10. Februar 1937 gültigen »Gesetz zur Neuregelung der Verhältnisse der Reichsbank und der Deutschen Reichsbahn« wurde die DRG aufgelöst und wieder unmittelbar dem RVM unterstellt. Die Deutsche Reichsbahn war nun ein Sondervermögen. Im internen Schriftwechsel wurde das Kürzel »DRB« genutzt. An den Loks und Wagen wurde es jedoch nicht angeschrieben. Erst mit der Verfügung 61 W 6 Fkld vom 30. Oktober 1939 wurden die Lokomotiven mit dem so genannten »Hoheitszeichen« – einem Reichsadler mit Hakenkreuz – ausgerüstet.

Auch nach der deutschen Kapitulation am 8. Mai 1945 blieb die Bezeichnung »Deutsche Reichsbahn« erhalten. Nach der Gründung der Bundesrepublik Deutschland erging am 6. September 1949 der Erlass, die westdeutsche Staatsbahn in »Deutsche Bundesbahn« (DB) umzubenennen. In der sowjetischen Besatzungszone bzw. in der am 7. Oktober 1949 gegründeten Deutschen Demokratischen Republik (DDR) hieß die Staatsbahn, die auch in West-Berlin den Verkehr abwickelte, weiterhin Deutsche Reichsbahn (DR). Erst 1993 hatte die DR ausgedient.

Das Erbe der Länderbahnen: Vielfalt der Loktypen

Trotz der großen Anzahl an Lokomotiven, die als Reparationsleistungen an die Siegermächte des Ersten Weltkriegs abgegeben werden mussten, übernahm die Deutsche Reichsbahn von den Länderbahnen eine Vielzahl unterschiedlicher Loktypen. Wobei Anzahl und Menge aufgrund der unterschiedlichen Größe der Bahnen natürlich höchst unterschiedlich verteilt war:

Die Lokomotivbestände der Länderbahnen (31.12.1919)	
Bahnverwaltung	Anzahl der Loks
Badische Staatseisenbahnen	941
Bayerische Staatsbahnen	2.672
Mecklenburgische Friedrich-Franz-Eisenbahn	243
Oldenburgische Eisenbahnen	260
Preußisch Staatseisenbahn-Verwaltung	26.148
Sächsische Staatseisenbahnen	1.743
Württembergische Staatseisenbahnen	855
Gesamt	32.862

Preußische Dampflokomotiven bestimmten bis Ende der 1930er-Jahre bei der Reichsbahn das Bild im Güterzugdienst, so auch in der RBD Köln, wo diese Aufnahme mit 56 2598, 57 3494, 57 2354, 57 3496, 57 3482 und 55 352 (v.l.) entstand.

1902 entstand für die Preußische Staatsbahn die Heißdampf-Schlepptenderlok der Gattung P 6. Sie war 90 km/h schnell und leistete rund 1.000 PS, doch die Höchstgeschwindigkeit konnte wegen der schlechten Laufeigenschaften nicht ausgefahren werden. Dennoch wurden 275 Maschinen gebaut, von denen aber nur 163 Exemplare als 37 001–163 zur DRG kamen.

Für die Züge auf den meist steigungsreichen Strecken beschaffte die Sächsische Staatsbahn ab 1910 bei Hartmann in Chemnitz die Gattung XII H2. Die Zwillingsmaschinen leisteten rund 1.300 PS und waren 90 km/h schnell. Den ersten zehn Maschinen folgten bis 1927 weitere 159 Lokomotiven. Insgesamt 134 Loks gelangten als 38 201–334 in den Bestand der DRG.

57 3484 bringt am 27. Mai 1935 einen Güterzug nach Saalfeld.

Als preußische G 5.5 entstanden ab 1910 noch einmal Lokomotiven in Nassdampfverbundbauweise mit Adamsachse. Die Maschinen dieser Bauform erhielten bei der Reichsbahn die Nummern 54 1067–1092.

Mit dem D 11 Paris–Warschau am Haken rollt die S 10 »Essen 1002« (später 17 037) in den 1920er-Jahren über die Einfahrtglei-se des Hauptbahnhofes von Hannover.

Die Reichsbahn baut nach: Rückgriff auf bewährte Typen

Die Einheitslokomotiven (siehe Kapitel 4) gelten bis heute als Markenzeichen der Deutschen Reichsbahn. Sicherlich spricht einiges dafür, die außergewöhnliche Leistung dieser technischen Innovation zusammen mit weiteren fortschrittlichen Entwicklungen besonders hervorzuheben. Nichtsdestoweniger erhält man auf diese Weise ein schiefes Bild, das vor dem geistigen Auge ein Reichsbahn entstehen lässt, deren Verkehr im Wesentlichen von modernen Einheitslokomotiven getragen wurde.

Vor allem wird im Zusammenhang mit dem Bau neue Lokomotiven die Tatsache, dass die DRG bewährte oder neue Fahrzeugkonstruktionen der Länderbahnen teilweise bis in die 1930er-Jahre beschaffte, häufig nur am Rande erwähnt. Dabei wurden diese Fahrzeuge teilweise in beträchtlichen Stückzahlen beschafft.

Für den – häufig modifizierten – Nachbau ausgereifter Länderbahntypen gab es verschiedene Gründe:

So hatten zum einen die Reparationen vor allem große Lücken unter den modernen und leistungsfähigen Fahrzeugen gerissen. Zurückgeblieben waren die älteren Loks, der wegen der schlechten Pflege während der Kriegsjahre stark verschlissen waren. Doch die neuen Einheitsloks waren noch in der Entwicklung und standen kurzfristig nicht zur Verfügung.

Zum anderen kam der Ausbau der Hauptstrecken für eine Achslast von 20 t nicht so schnell voran, wie ursprünglich geplant. Aus diesem Grund konnten die neuen Einheitslokomotiven, für die eine Achslast von 20 t vorgesehen war, auf dem vorhandenen Streckennetz nicht ungehindert eingesetzt werden.

Und zum Dritten waren einige neue Loktypen der Länderbahnen schon soweit entwickelt und (meist auch) bestellt, dass sie von der Reichsbahn abgenommen werden mussten.

Die nachfolgende Zusammenstellung der neu-, nach- und umgebauten Länderbahntypen, die von der Reichsbahn beschafft wurden, zeigt deshalb eine erstaunliche Vielfalt neben den bekannten Gesichtern der Einheitsloks.

Mit Volldampf kämpft sich 18 415 (Maffei 1909; Fabrik-Nr. 3097) mit einem Eilzug von Bamberg nach Hof die bekannte »Schiefe Ebene« zwischen Neuenmarkt-Wirsberg und Marktschorgast hinauf.

Nachgebaute Typen der Länderbahnen

Baureihe 18⁵ (Länderbahnlok, bay. S 3/6; Nachbau DRG)

Zu den bewährten Länderbahn-Konstruktionen, die die Reichsbahn zunächst nachbauen ließ, um den permanenten Fahrzeugmangel zu beseitigen, gehörte die bayerische S 3/6. Zunächst lieferte die Firma Maffei in den Jahren 1923 und 1924 insgesamt 30 Maschinen, die die Deutsche Reichsbahn-Gesellschaft (DRG) 1925 als 18 479–509 in ihren Bestand einreihte.

Technisch entsprachen sie weitgehend den zuvor gelieferten Maschinen.

In der zweiten Hälfte der 1920er-Jahre stand abermals ein Nachbau der S 3/6 auf der Tagesordnung. Da die DRG auf-grund der ihr auferlegten Reparationszahlungen nur in be-schränktem Umfang investieren konnte, verzögerte sich der geplante Ausbau der Hauptstrecken auf eine Achsfahrmasse von 20 t. Deshalb benötigte die DRG für die Hauptstrecken mit leichterem Oberbau dringend eine leistungsfähige Schnell-zuglok. Abermals bestellte die DRG eine leicht modifizierte S 3/6, die in den Jahren 1927 und 1928 in zwei Bauserien als 18 509–520 und 18 521–528 gefertigt wurden.

Aufgrund des großen Bedarfs an Schnellzugmaschinen mit 18 t Achsfahrmasse gab die DRG noch ein weiteres Bau-los mit 20 Maschinen in Auftrag. Maffei fertigte nur noch die

Der Stolz auf die nachgebaute S 3/6 18 511 (Maffei 1926) steht den Männern auf dem Führerstand ins Gesicht geschrieben.

18 529 und 18 530, dann meldete das Unternehmen während der Weltwirtschaftskrise Konkurs an. Die Fertigung der verbliebenen 18 Exemplare übernahm die Firma Henschel, die die bestellten S 3/6 bis 1931 an die DRG lieferte. Dabei überarbeitete Henschel noch einmal die Konstruktion der Maschinen.

Baureihe 38⁴ (Länderbahnlok, bayerische P 3/5 H)

Nach dem Ersten Weltkrieg fehlten in Bayern für den schweren Reisezugdienst leistungsfähige Lokomotiven. Um die Lage zu entspannen, gestattete die gerade gegründete Deutsche Reichsbahn der aus der Bayerischen Staatsbahn hervorgegangenen Gruppenverwaltung Bayern 1920 die Beschaffung von 80 Personenzuglokomotiven. Die Gruppenverwaltung beauftragte die Firma Maffei mit dem Bau der benötigten Maschinen. Um Zeit und Geld zu sparen, griff Maffei dabei auf die bewährten 2'C-Loks der Gattung P 3/5 zurück. Allerdings schied der unveränderte Nachbau der Nassdampf-

Bereits 1920 lieferte Maffei die ersten 2'Ch4v-Maschinen an die Gruppenverwaltung Bayern ab. Obwohl diese die Loks noch als Gattung P 3/5 H bezeichnete, trug 38 433 ihre Nummer von Beginn an.

Schon bei den ersten Probefahrten erwies sich die P 3/5 H als eine sehr gute Konstruktion: Leistung und Verbrauch waren ausgezeichnet. Die Personale lobten die sehr guten Laufeigenschaften der Maschinen.

Verbundloks aus. Maffei übernahm zwar den Rahmen sowie das Lauf- und Triebwerk ohne Änderungen, vergrößerte jedoch den Kessel und rüstete ihn mit einem Überhitzer aus. Bereits 1920 lieferte Maffei die ersten neuen 2'Ch4v-Maschinen an die Gruppenverwaltung Bayern ab, die die Loks noch als Gattung P 3/5 H bezeichnete. Schon bei den ersten Probefahrten erwies sich die P 3/5 H als eine sehr gute Konstruktion: Leistung und Verbrauch waren ausgezeichnet. Die Personale lobten die sehr guten Laufeigenschaften der Maschinen. So verwundert es nicht, dass die Gruppenverwaltung Bayern für die eigentlich nur für 90 km/h zugelassenen Loks Schlepplastentafeln mit bis zu 100 km/h Höchstgeschwindigkeit aufstellte. Die Maschinen waren bei ihrer Indienststellung bevorzugt vor Schnell- und Eilzügen im Einsatz. Sie beeindruckten dabei durch einen sehr guten Kohleverbrauch, der noch unter dem der S 3/6 lag.

Borsig begann Ende 1921 mit der Lieferung der ersten zehn Maschinen der noch als P 10 bezeichneten Gattung. Dazu zählte auch 39 001.

Baureihe 39⁰ (Länderbahnlok, preußische P 10)

Bereits um 1910 zeichnete sich ab, dass die P 8 vor den schweren Reisezügen auf den steigungsreichen Strecken im Mittelgebirge mittelfristig überlast war. Um die Züge mit den geforderten Geschwindigkeiten und Zuglasten pünktlich befördern zu können, mussten immer wieder Vorspannloks eingesetzt werden. Da dies aber die Kosten in die Höhe trieb, sah sich die Preußische Staatsbahn gezwungen, eine neue, schwere Personenzuglok in Auftrag zu geben. Allerdings verhinderte der Erste Weltkrieg zunächst deren Entwicklung. Erst 1918 konnte die Preußische Staatsbahn dieses Vorhaben wieder aufgreifen. Die mit der Entwicklung der benötigten

39 002 im Bw Leipzig Nord

Type beauftragte Lokfabrik Borsig legte im Herbst 1919 den Entwurf einer 1'D1'h3-Maschine vor, die einen Bruch mit den bisherigen Philosophien im preußischen Lokbau darstellte. Der solide Barrenrahmen, der Belpaire-Stehkessel und die hintere Schleppachse waren neu für Personenzugloks der Preußischen Staatsbahn. Allerdings dauerte es wegen der Gründung der Reichsbahn noch zwei Jahre, bis Borsig die ersten zehn Maschinen der noch als P 10 bezeichneten Gattung liefern konnte.

Nach gründlichen Versuchsfahrten gab die Reichsbahn weitere Baulose in Auftrag. Bis 1927 wurden insgesamt 260 Einheiten der ab 1925 als Baureihe 39⁰ bezeichneten Gattung in Dienst gestellt.

54¹⁵⁻¹⁷ (bay. G 3/4 H, DRG)

Zwischen 1919 und 1923 lieferten die Firmen Krauss und Maffei insgesamt 225 Güterzuglokomotiven mit der Achsfolge 1'C der bayerischen Gattung G ¾ H an die Deutsche Reichsbahn, die sie als 54 1501 bis 54 1725 einreihte. Bei dieser Maschine handelte es sich eigentlich um die erste Heißdampflokomotive der Bayerischen Staatsbahn, die ein Zweizylindertriebwerk mit einfacher Dampfdehnung besaß. Die Konstruktion der neuen Maschine mit Zwillingstriebwerk entstand 1919 auf Basis der Gattung G ¾ N (Baureihe 54¹⁴), einer von 1907 bis 1909 gebauten Nassdampflok mit Zweizylinder-Verbundtriebwerk. Die neuen Heißdampfloks unterschieden sich aber durch einen leistungsfähigeren Kessel und eine erhöhte Reibungsmasse.

225 Exemplare der bayerischen Gattung G ¾ H bauten die Firmen Krauss und Maffei für die Deutsche Reichsbahn.

56[1] (pr. G 8[3] DRG, DR)

Gegen Ende des Ersten Weltkriegs erkannten die Länderbahnen, dass sie neben den neuen Fünfkupplern der Gattung G 12 (Baureihe 58; siehe S. 60) eine Maschine mit der Achsfolge 1'D für den mittelschweren Güterzugdienst benötigten. Bei der Konstruktion griffen sie auf die G 12 zurück, die kurzerhand um einen Kuppelradsatz reduziert wurde. Ebenso verkürzten die Ingenieure Rahmen, Kessel und Feuerbüchse entsprechend. Die Loks der neuen G 8[3] verfügten wie die G 12 über ein Dreizylindertriebwerk und einen Barrenrahmen. Henschel & Sohn lieferte in den Jahre 1919 und 1920 insgesamt 85 Exemplare der G 8[3] an die Deutsche Reichsbahn, die die Maschinen als Baureihe 56 101–185 einreihte. Ein Weiterbau der Dreizylinderloks unterblieb, weil sich die wenig später entstandenen Zweizylindervariante G 8[2] (Baureihe 56[20–29]; siehe S. 59) als wirtschaftlicher bei nahezu gleicher Leistung erwies.

Die preußische G 8[3] entstand auf der Basis der G 12 und war für den mittelschweren Güterzugdienst bestimmt. 56 114 diente als Bremslok der LVA Grunewald.

56 127 im Bw Tempelhof: Von der Dreizylinder-Maschine beschaffte die Reichsbahn nur 85 Exemplare.

Sommer 1936: Im Bw Wustermark wartet 56 119 auf neue Einsätze.

56²⁻⁸ (pr./meckl. G 8¹ mit Laufradsatz, DRG)

Mehr als 3.000 Lokomotiven der pr./meckl. Gattung G 8¹ (Baureihe 55²⁵⁻⁵⁶ und 55⁵⁸) gelangten in den Bestand der Deutschen Reichsbahn-Gesellschaft (DRG). Ihr leistungsfähiger Kessel verlieh den Maschinen eine hohe Zugkraft. Aber aufgrund ihrer mittleren Radsatzfahrmasse von 17,5 Tonnen konnten sie nur auf Hauptbahnen eingesetzt werden. Außerdem sorgte das vierfach gekuppelte Fahrwerk ohne Laufradsatz für unruhigen Lauf und auf krümmungsreichen Strecken für einen entsprechenden Radreifenverschleiß. Problematisch für den Hauptbahndienst war zudem die geringe Höchst-

geschwindigkeit von nur 55 km/h. Da der Erhaltungszustand der G 8¹ noch recht gut war, entschlossen sich die Ingenieure der DRG, durch den Einbau eines vorderen Laufradsatzes nicht nur die Laufeigenschaften zu verbessern, sondern auch die mittlere Kuppelradsatzfahrmasse zu verringern. Insgesamt ließ die DRG 691 Maschinen zwischen 1934 und 1941 umbauen.

Während ein Bauer mit einem Pferdegespann seinen Acker pflügt, rangiert das Lokpersonal am 26. April 1938 mit seiner 56 234 vom Bw Rostock gemächlich im Bahnhof von Bad Sülze.

56²⁰⁻²⁹ (pr. G 8², DRG, DR)

Die Gattung G 8² entstand kurz nach der dreizylindrigen G 8³ (Baureihe 56¹; siehe S. 56), der verkürzten Version der Gattung G 12. Die Ingenieure der Preußischen Staatsbahn wollten die G 8³ vereinfachen. Deshalb verzichteten sie auf das Innentriebwerk, nahmen aber außer am Triebwerk und an den Zylindern keine Veränderungen gegenüber der G 8³ vor. Die neue Lok mit dem Zwillingstriebwerk wurde als Gattung G 8² bezeichnet. Die ersten Exemplare lieferte Henschel & Sohn

bereits im Frühjahr 1919. Die Loks erfüllten alle Anforderungen, waren aber dank ihres Zweizylindertriebwerks günstiger in der Wartung und in der Unterhaltung als die G 8³. Kein Wunder also, dass die Deutsche Reichsbahn-Gesellschaft die Zwillingsmaschine bis Ende der 20er-Jahre in großer Stückzahl beschaffte: Bis 1928 lieferte die deutsche Lokomotivindustrie 846 Exemplare an die DRG, wo sie die Nummern 56 2001-2485 und 2551-2916 erhielten.

Deutlich erfolgreicher war die G 8.2. Von der 1'Dh2-Maschine stellte die Reichsbahn bis 1928 insgesamt 846 Exemplare in Dienst. 56 2902 stand am 24. Januar 1936 im Bw Hamm.

Baureihe 58$^{2,4,5,10-21}$ (bad. G 12, pr. G 12)

Während des Ersten Weltkrieges wickelten die Heeresfeld-
bahnen den Eisenbahnbetrieb in den frontnahen Bereichen
ab. Dazu mussten die Länderbahnen zahlreiche Dampflokomotiven zur Verfügung stellen. Doch durch die fehlende Normierung und Typisierung war ein freizügiger Austausch von
Ersatzteilen nicht möglich. In dieser Situation forderte das Mi-
litär 1916 die Länderbahnen auf, eine gemeinsame Güterzug-
lokomotive zu beschaffen. Die Firma Henschel legte den Entwurf für eine 1´E h3-Maschine vor, von der im Sommer 1917
die ersten Baumuster abgeliefert wurden. Die Preußische
Staatsbahn reihte die Dreizylinder-Heißdampflok als G 12
ein. Obwohl die Lok in wesentlichen Teilen ihrer Konstruktion
nicht den Baugrundsätzen der späteren Einheitslokomotiven
entsprach, stellt sie doch einen wichtigen Schritt auf dem Weg
dorthin dar. Nicht zuletzt deshalb, weil neben Preußen auch
die Staatsbahnen in Baden, Sachsen und Württemberg sowie schließlich auch die Deutsche Reichsbahn-Gesellschaft
(DRG) die G 12 beschafften, von der bis 1924 rund 1.500 Ex-

58 1535 im Bw Altenhudem

emplare gebaut wurden. Sie bildeten bis zur Serienlieferung
der Baureihe 44 das Rückgrat im schweren Güterzugdienst
der DRG.

*Die Baureihe 58 bildete bei der DRG bis Ende der 1930er-Jahre das Rückgrat im schweren Güterzugdienst. 58 2142 besaß An-
fang der 1930er-Jahre noch eine Gegendruckbremse der Bauart Riggenbach.*

58 1119 scnleppt ihren gut besetzten Personenzug auf der Main-Spessartbahn bei Heigenbrücken eine Steigung hinauf.

Baureihe 75^{10–11} (bad. VI c 8–9)

In den Jahren 1920 und 1921 lieferte die Maschinenbau-Gesellschaft Karlsruhe (MBG) insgesamt 43 Tenderlokomotiven mit der Achsfolge 1'C1' an die noch junge Reichsbahn, die diese Zweizylinder-Heißdampfloks mit den Nummern 75 1001–75 1023 (1920) und 75 1101–75 1120 (1921) einreihte. Eigentlich handelte es sich bei diesen Maschinen um die achte und neunte Lieferung von insgesamt 135 Lokomotiven der badischen Gattung VI c. Die Entwicklung dieser Gattung reicht zurück bis in das Jahr 1900, als die Großherzoglich Badische Staatsbahn als erste deutsche Länderbahn

1900 mit der Gattung VI b eine Tenderlok mit der Achsfolge 1'C1' beschaffte, die sich sehr gut bewährte. Deshalb folgte 1914 als VI c eine Variante mit Heißdampftriebwerk, die sich als hervorragende Konstruktion erwies. Die VI b und VI c machten nach dem ersten Weltkrieg rund die Hälfte des Fuhrparks der Badischen Staatsbahn aus. Reparationsleistungen an Frankreich und Belgien reduzierten den Bestand auf 107 Loks. Während die ersten sieben Lieferungen als Baureihe 75⁴ eingereiht wurden, führte die DRG die letzten beiden Lieferungen als Baureihe 75^{10–11}.

75 1015 verlässt am 26. Juni 1932 mit dem P 214 Bad Sülze.

In Deutschland hatte sich die badische Staatsbahn als Erste für die Achsfolge 1'C1 entschieden.

Die *Loks der Badischen Gattung IV c bewährten sich ausgezeichnet.*

Baureihe 89⁷⁻⁸ (Länderbahnlok, bayerische R 3/3)

Verglichen mit den anderen deutschen Länderbahnen entschloss sich die Bayerische Staatsbahn erst spät, Tenderlokomotiven zu beschaffen. Doch in den folgenden Jahren wurden sie eine Erfolgsgeschichte, das bewiesen beispielsweise die Gattungen D V, D VII und – in zweiter Besetzung – die Gattung D II. Die D II^{II} besaß einen leistungsfähigeren Kessel als ihre Vorgängerinnen und erwies sich im harten Betriebseinsatz als eine zuverlässige und wirtschaftliche Konstruktion. In Anlehnung an die D II^{II} gab die Bayerische Staatsbahn 1906 bei der Firma Krauss eine dreifachgekuppelte Rangierlokomotive in Auftrag, von der bis 1913 insgesamt 18 Exemplare geliefert wurden. Diese Maschinen bezeichnete die Bayerische Staatsbahn als R 3/3.

Da nach dem Ersten Weltkrieg in Bayern leistungsfähige Tenderloks für den Verschub fehlten, erhielt Krauss den Auftrag zum Bau weiterer 90 Lokomotiven, die zwischen 1921 und 1923 gebaut wurden. Diese ebenfalls noch als R 3/3 bezeich-

Auf Wunsch der Gruppenverwaltung Bayern wurde die R 3/3 nachgebaut.

neten Maschinen waren allerdings etwas länger, besaßen einen Lüftungsaufsatz auf dem Führerhaus und hatten anstelle der bis dahin verwendeten Sicherheitsventile der Bauart Meggenhofen solche der Bauart Coale. Durch diese und andere Änderungen stieg die Achslast auf 15,8 Tonnen.

92⁴ (old. / preuß. T 13¹, DRG)

In den Jahren 1921 lieferte die Firma Hanomag aus Hannover-Linden insgesamt 14 D h2t-Tenderlokomotiven an die Deutsche Reichsbahn. Ihre Konstruktion war auf Grundlage der preußischen Gattung T 13 entstanden. Die Preußische Staatsbahn benötigte zu Beginn des 20. Jahrhunderts eine leistungsfähige, vierfach gekuppelte und laufradsatzlose Rangierlok, die den ständig wachsenden Anforderungen im Verschubdienst auf den großen Rangierbahnhöfen gewachsen sein musste. Doch dem Bau der preußischen T 13 gingen langwierige Auseinandersetzungen voraus, ob sie als Heißdampfmaschine oder als Nassdampflok auszuführen sei. Ob-

wohl der zuständige Dezernent Robert Garbe die Mitglieder des preußischen Ausschusses für Lokomotiven für die von ihm favorisierte Heißdampflok gewinnen konnte, entschied sich der Minister für öffentliche Arbeiten für die Nassdampfvariante. Von dieser wurden insgesamt 667 Maschinen zwischen 1910 und 1923 gefertigt, davon für die Preußische Staatsbahn allein 587. Im Jahr 1916 kam die Heißdampftechnik doch noch zum Einsatz: Die Preußische rüstete Staatsbahn einige T 13 mit Kleinrohrüberhitzer der Bauart Schmidt und Speisewasservorwärmer aus. Die Heißdampfloks erwiesen als deutlich leistungsfähiger. Trotzdem wurde die Nassdampfvariante auch nach dem Ersten Weltkrieg bis 1922 weiterbeschafft, während von der Heißdampfversion nur wenige Exemplare an die Reichsbahn geliefert wurden. In das Einsatzgebiet der ehemaligen Oldenburgischen Staatsbahn, die bereits ab 1911 die T 13 in Dienst gestellt hatte, lieferte Hanomag vier T 13¹, die sogar mit der dort genutzten Lentz-Ventilsteuerung ausgerüstet waren. Zehn entsprechende T 13¹ – ohne Lentz-Ventilsteuerung – fertigte Hanomag 1921/22 für Direktionen

Auf besonderen Wunsch aus Oldenburg erhielt 92 401 eine Lentz-Ventilsteuerung.

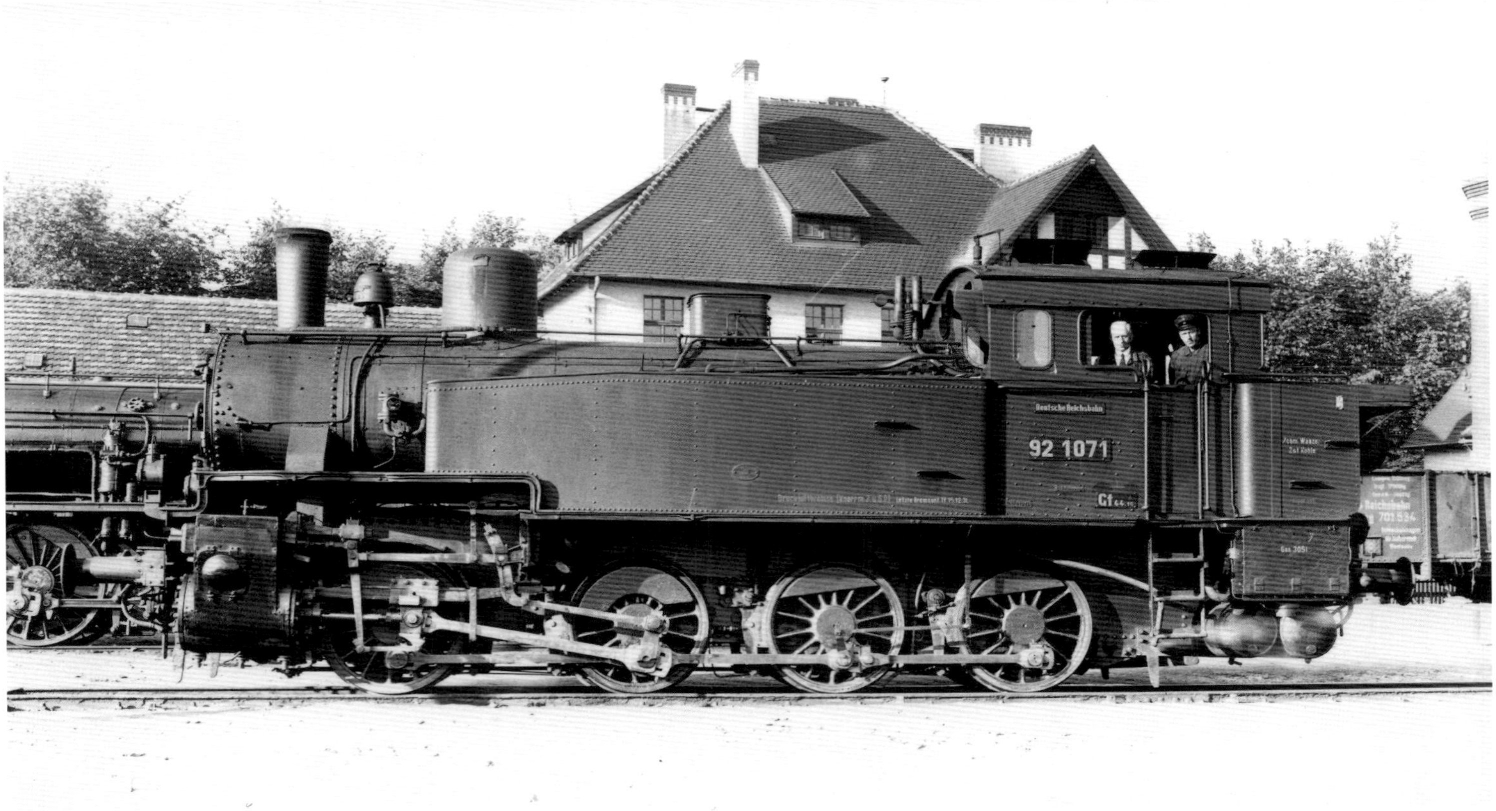
Deutsche Reichsbahn
92 1071

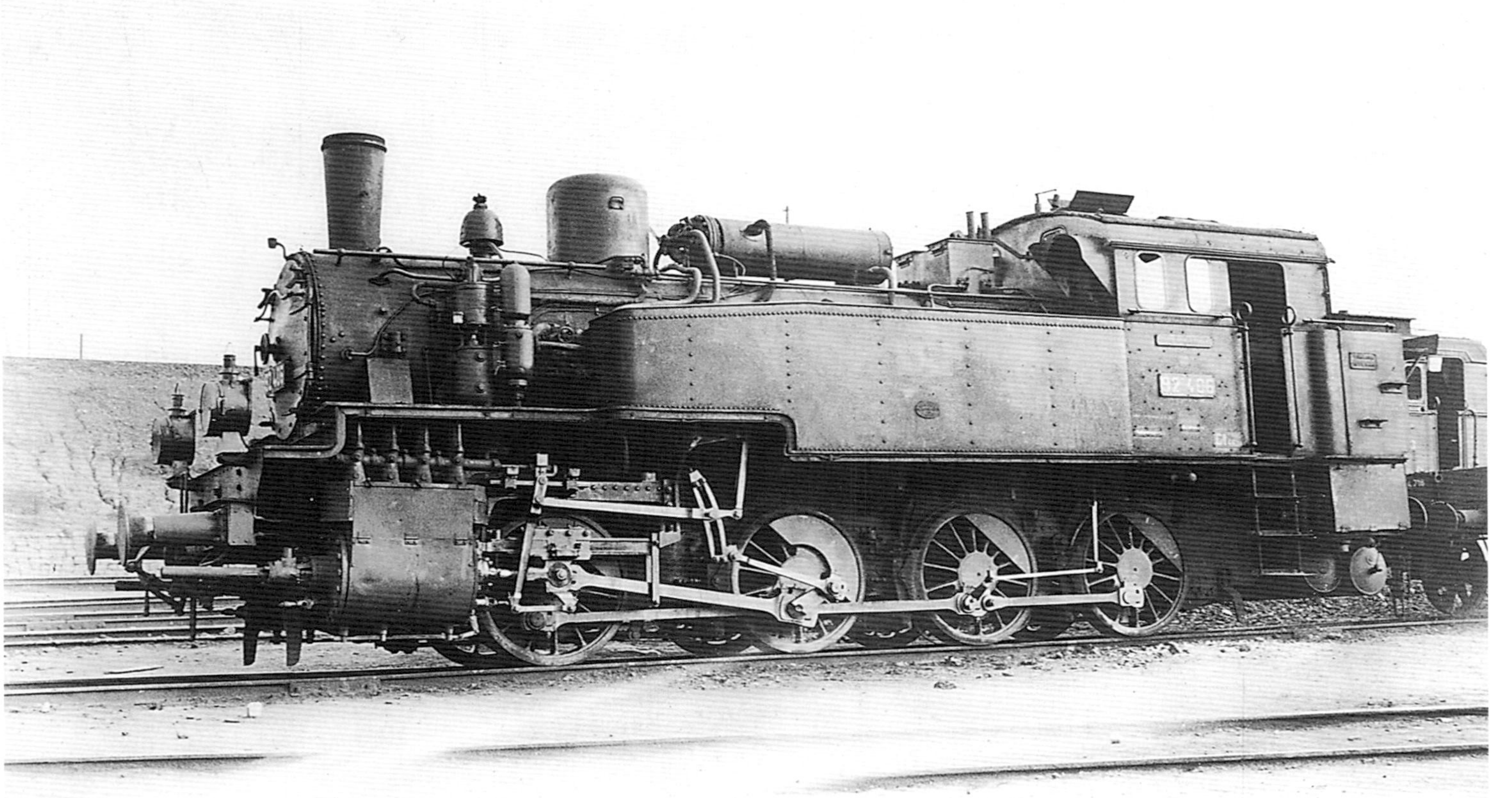

Bei 92 607 handelte es ich um eine klassische T 13 aus der Vorkriegsproduktion.

Seite 66 oben:
92 1071 gehörte zu den letzten Bauserien der T 13.

Seite 66 unten:
Letztliche vermochte die Ventilsteuerung der Bauart Lenz nicht zu überzeugen.

der ehemaligen Preußischen Staatsbahn. Weitere fünf T 13[1] produzierte Krauss in München 1923 für die seit 1920 eigenständigen Saarbahnen.

Als 92 401-404 wurden die oldenburgischen T 13[1] und als 92 405-413 die preußischen T 13[1] von der Deutschen Reichsbahn eingereiht. Nach der Wiederangliederung des Saarlandes 1935 erhielten die T 13[1] der Saarbahnen die Betriebsnummern 92 414-418.

94¹ (wü. Tn, DRG)

Die Konstruktionspläne der Lokomotiven der Baureihe 94¹ entstanden noch 1919 in den Büros der Württembergischen Staatsbahn, doch die Maschinenfabrik Esslingen lieferte die 30 Fünfkuppler der württembergischen Gattung Tn in den Jahren 1921 und 1922 bereits an die Deutsche Reichsbahn. Bei der Konstruktion mussten die Ingenieure berücksichtigen, dass auf vielen Nebenbahnen Württembergs noch ein leichter Oberbau verlegt war. Obwohl die Maschine mit einer Radsatzfahrmasse von 13 Tonnen schwerer als geplant ausfiel, entstand mit der »Tn« der leichteste und kleinste deutsche Tenderlok mir der Achsfolge E für 1.435 mm. Verschiedene Bauteile konnten mit der württembergischen T 5 (Baureihe 750) gewechselt werden. Der Entwurf des Kessels lehnte sich ebenfalls an die T 5 an.

Die 30 von der Maschinenfabrik Esslingen 1921 und 1922 gefertigten Fünfkuppler der Gattung Tn erhielten bei der Deutschen Reichsbahn die Betriebsnummern 94 101-130.

Die württembergischen »Tn« fertigte die Maschinenfabrik Esslingen in den Jahren 1921 und 1922.

Die »Tn« war die leichteste und kleinste deutsche Tenderlok mir der Achsfolge E für 1.435 mm.

Baureihe 95⁰ (Länderbahnlok, preußische T 20)

Ermutigt von den Erfolgen der Halberstadt-Blankenburger Eisenbahn (HBE) mit ihren TIERKLASSE-Maschinen gab auch die Preußische Staatsbahn bei Borsig eine schwere 1´E 1´h2-Tenderlok für den Einsatz im Mittelgebirge in Auftrag. Nichtsdestoweniger übertrafen die neuen, als preußische Gattung T 20 bezeichneten Maschinen ihre HBE-Vorbilder. Ihre Konstruktion entstand im Wesentlichen noch unter der Ägide der Preußischen Staatsbahn, geliefert wurden die ersten Maschinen im Jahr 1922 aber an die Deutsche Reichsbahn. Es überrascht also nicht, dass die Lok alle Merkmale der preußischen Lokomotivkonstruktion besitzt.

Die 1923 durchgeführten Messfahrten auf verschiedenen Steilstrecken unterstrichen die enorme Leistungsfähigkeit der T 20. Außerdem wiesen sie die Betriebstauglichkeit der Riggenbach-Gegendruckbremse nach, mit der die Maschinen ausgerüstet waren. Ihr Einsatz verringerte den Bremsklotzverschleiß erheblich. Die 45 gebauten Maschinen bildeten das Rückgrat im schweren Zugdienst auf den Steilstrecken

Die Baurei 95 bildete lange Zeit das Rückgrat im schweren Zugdienst auf Steilstrecken.

des Thüringer Waldes und des Frankenwaldes sowie auf der Geislinger Steige und der Schiefen Ebene.

Voller Stolz blickt der Lokführer aus seiner 95 006. Allein schon die Größer der Zylinder beeindruckt.

97² (bad. IX b¹, IX b², DRG)

Die Maschinenfabrik Esslingen lieferte im Jahr 1921 drei Zahnradlokomotiven an die Deutsche Reichsbahn, die noch von der Badischen Staatsbahn für den Einsatz auf dem Zahnstangenabschnitt zwischen Hirschsprung und Hinterzarten der Höllentalbahn im Schwarzwald geordert worden war. Die Maschinen trugen deshalb auch noch die badische Gattungsbezeichnung »IX b²«. Sie wurde auf Basis der Gattung »IX b¹« konstruiert, die die Badische Staatsbahn im Jahr 1910 von der Maschinenfabrik Esslingen beschafft hatte.

Allerdings orderte die Badische Staatsbahn die drei Maschinen der Gattung »IX b²« gleich als Nassdampf-Loks. Die weiteren Änderungen gegenüber der Gattung »IX b¹« fielen gering aus.

Die Deutsche Reichsbahn reihte alle sieben im Bw Freiburg/Breisgau beheimateten Maschinen als 97 201-204 (IX b¹) und 97 251-253 (IX b²) in ihren Bestand ein. Sie taten weiterhin im Höllental Dienst. Dies änderte sich erst Anfang der 1930er-Jahre. Als der »Ravenna-Viadukt« durch eine tragfähigere Brücke ersetzt worden war, machten die neuen, leistungsfähigen Einheitslokomotiven der Baureihe 85 (siehe S. 115) den Zahnradbetrieb und damit auch den Einsatz der Baureihe 97² überflüssig. Mitte der 1930er-Jahre mussten die Zahnradloks ihren Dienst quittieren. Bald darauf wurden sie verschrottet.

Die Baureihe 97² beruhte auf einer Vorkriegskonstruktion.

97⁴ (pr. T 28, DRG, DR)

Mit der späteren 97 401 lieferte Borsig das Baumuster einer Zahnradlokomotive an die Deutsche Reichsbahn, das noch die Preußische Staatsbahn bei der bekannten Lokomotivschmiede als neue Gattung T 28 bestellt hatte. Die Lok, die in ihrer Gestaltung und technischen Ausbildung dem modernen preußischen Baustil entsprach, blieb aber ein Einzelstück.

Bestellt hatte die Preußische Staatsbahn die Maschine 1920 bei Borsig als leistungsstärkeren Ersatz für die Zahnradlokomotiven der Gattung T 26.

Die T 28 besaß die Radsatzfolge 1'D1'. Mit 16 Tonnen mittlerer Kuppelradsatzfahrmasse galt die Maschine als die schwerste deutsche Zahnradlok. Sie war aber zum Zeitpunkt ihrer Inbetriebnahme bereits überholt, denn die Tierklasse der Halberstadt-Blankenburger Eisenbahn und die preußische T 20 hatten gezeigt, dass sich der Zahnradbetrieb mit modernen Reibungsmaschinen ersetzen ließ.

Nach einer umfangreichen Erprobung war die T 28 einige Jahre zwischen Linz (Rhein) und Seifen im Westerwald ein-

Gut zu erkennen sind die beiden Triebwerke für den Adhäsions- und für den Zahnradantrieb der Lok.

gesetzt. Nach Umstellung der einstigen preußischen Strecken auf Reibungsbetrieb gab es für die Maschine bald nichts mehr zu tun, so dass sie 1929 an die Eutin-Lübecker Eisenbahn (ELE) verkauft wurde. Mit ausgebautem Zahnradtriebwerk kam die Lok als Reibungsmaschine zum Einsatz.

Bei Ihrer Lieferung war die T 28 technisch bereits von der T 20 überholt worden.

Baureihe 97⁵ (wü. Hz)

Als einzige deutsche Zahnrad-Dampflokomotive blieb die Baureihe 97⁵ in drei Exemplaren erhalten. Die RBD Stuttgart entwickelte gemeinsam mit der Maschinenfabrik Esslingen (ME) ab 1921 eine neue fünffachgekuppelte Zahnradmaschine für die Strecke Honau–Lichtenstein, wo die bisher eingesetzten Loks der Reihe Fz den gestiegenen Anforderungen nicht mehr gewachsen waren.

1923 lieferte die ME schließlich die ersten beiden Maschinen. Das Leistungsprogramm erfüllten die Loks spielend. Bei Messfahrten wurde sogar eine Mehrleistung von 10 % ermittelt. Damit war die 97⁵ die stärkste für deutsche Zahnradbahnen gebaute Lokomotive. 1925 baute die ME noch einmal zwei Loks. Die vier Maschinen waren immer auf der Strecke Honau–Lichtenstein im Einsatz.

97 501, 97 502 und 97 504 wurden 1962 ausgemustert, blieben aber alle erhalten. Die 97 501 wurde in Reutlingen wieder betriebsfähig aufgearbeitet. Die 97 502 und 97 504 können in Eisenbahnmuseen bestaunt werden.

Die Maschinen kamen ausschließlich zwischen Honau und Lichtenstein zum Einsatz.

Drei Exemplare der württembergischen Hz sind bis heute erhalten, darunter auch 97 501.

Baureihe 98⁸⁻⁹ (bay. GtL 4/4)

Die Baureihe 98⁸⁻⁹, die GtL 4/4, ist die letzte von der Bayerischen Staatsbahn entwickelte Lokalbahnlok. Gleichzeitig wurde aber die weitaus größte Anzahl der insgesamt 117 Maschinen dieser Gattung erst von der Deutschen Reichsbahn beschafft.

Die Lokomotivfabrik Krauss lieferte die ersten beiden der von Richard von Helmholtz entwickelten vierfachgekuppelten Heißdampflok im 1911. Die beiden Baumuster galten mit 450 PS als die stärksten Lokalbahnlokomotiven der Bayerischen Staatsbahn. Nach gründlichen Probefahrten sollte 1915 die Serienlieferung der GtL 4/4 beginnen, doch der Erste Weltkrieg verhindert dies. Erst 1921 begann der Weiterbau der Lokalbahnlok, der bis 1927 andauerte. Geliefert wurden die Loks aber jetzt an die Gruppenverwaltung Bayern der Deutschen Reichsbahn-Gesellschaft.

Die 117 Maschinen gehörten auf zahlreichen bayerischen Lokalbahnen für Jahrzehnte zum vertrauten Bild. Insgesamt 29 Exemplare der GtL 4/4 rüstete bis 1941 die DRG mit einer vorderen Laufachse aus, wodurch die Höchstgeschwindigkeit auf 55 km/h angehoben werden konnte (Baureihe 98¹¹).

Abgestellte bayrische Lokalbahnmaschinen: am Schluss eine GtL 4/4.

Eine Lok der Gattung GtL 4/4 hat ihren Lokalbahnzug nach Freising gebracht.

98¹⁰ (bay. GtL 4/5, DRG)

Obwohl das Einheitslokprogramm der Deutschen Reichsbahn-Gesellschaft (DRG) bereits erfolgreich gestartet war,
gelang es den Bayern Ende 1920er-Jahre nochmals, eine
eigene Lokalbahngattung zu beschaffen. Die bayerischen Lokomotiven sind damit die am längsten an die Reichsbahn gelieferten Länderbahngattungen. Dies hatte nicht zuletzt damit
zu tun, dass sich die Gruppenverwaltung Bayern eine gewis-
se Autonomie beim Lokomotivbau bewahren konnte. Auch die
Beschaffung der GtL 4/5 beweist dies. Ihre Konstruktion ging
auf die GtL 4/4 (Baureihe 98⁸⁻⁹; siehe S. 73) zurück, die sich
zwar im Betriebsalltag bewährte, aber zwei wesentliche De-
fizite aufwies: zu kleine Vorräte und mit 40 km/h zu langsam.
Somit beauftragte man die Firma Krauss in München mit der
Entwicklung der GtL 4/5, bei es sich um nichts anderes als
eine vergrößerte GtL 4/4 handelte.

In den Jahren 1929 bis 1933 baute Krauss (ab 1931: Krauss-
Maffei) in fünf Lieferserien insgesamt 45 Exemplare, die klei-
nere Unterschiede aufwiesen. Bei der DRG erhielten sie die
Betriebsnummern 98 1001-1045.

Kraus baute zwischen 1929 und 1933 45 Exemplare der
GtL 4/5.

Auch die GtL 4/5 entstand auf Wunsch der Gruppenverwaltung Bayern.

98¹¹ (Umbau DRG)

Die Autonomie der Gruppenverwaltung Bayern innerhalb der Deutschen Reichsbahn-Gesellschaft (DRG) zeigte sich wiederum bei der Baureihe 98¹¹, die ab 1934 aus einem Umbau von Maschinen der Baureihe 98⁸⁻⁹ (bay. GtL 4/4; siehe S. 73) entstanden. Bis 1927 hatten die Bayern insgesamt 117 Exemplare der Gattung GtL 4/4 beschafft, die sich im Lokalbahnverkehr als leistungsstark und robust erwies, aber mit 40 km/h zu langsam war. Somit lag es also nahe, eine Lok der Gattung GtL 4/4 versuchsweise für eine höhere Geschwindigkeit zu ertüchtigen. Das RAW Weiden rüstete deshalb die 98 906 mit einem Bisselgestell aus, das den vorderen Laufradsatz führte. Nach den erfolgreichen Versuchsfahrten legte man die Höchstgeschwindigkeit auf 55 km/h fest. Der um 0,7 Tonnen vergrößerte Kohlevorrat erweiterte außerdem den Aktionsradius der Maschinen. Schließlich ließen die Bayern die komplette Lieferserie der GtL 4/4 von 1927 entsprechend umbauen. Bis 1941 kamen noch weitere Maschinen hinzu, sodass die neue Baureihe 98¹¹ schließlich 29 Maschinen umfasste. Die Umbauloks verkehrten nur auf den Lokalbahnen Bayerns.

Ein Bisselgestell führte den vorderen Laufradsatz der umgebauten Maschinen.

Insgesamt 29 Maschinen der Gattung GtL 4/4 ließ die Gruppenverwaltung Bayern umbauen.

Auch im schönen Schwabenland kamen die Einheitsloks der Baureihe 24 zum Einsatz: 24 030 mit P 3054 bei Talhausen (Neckar) auf der Gäubahn unterwegs.

Seite 77:
86 005 trug das typische »Gesicht« einer Einheitslok. Gut sichtbar ist der Oberflächenvorwärmer der Bauart Knorr auf der Rauchkammer, gern auch als »Nudelholz« bezeichnet.

Von der Typenvielfalt zur Einheitslok

Die Begriffe »Einheitslokomotive« und »Deutsche Reichsbahn« sind bis heute untrennbar miteinander verbunden. Die imposanten Schnellzuglokomotiven der Baureihen 01 und 03 mit ihren großen Windleitblechen, die eleganten Universallokomotiven der Baureihe 41, die Lastenschlepper der Baureihe 44 oder die einst allgegenwärtigen Maschinen der Baureihe 50 sind für viele Eisenbahnfreunde der Inbegriff der Dampflokzeit. Ohne die Deutsche Reichsbahn hätte es diese Typen nicht gegeben.

1928 gaben sich im Bw Hannover acht Maschinen der Baureihe 01 ein Stelldichein. Im Betriebsdienst spielten die Einheitsloks zu dieser Zeit nur im Schnellzug- und Nebenbahndienst eine Rolle. Ansonsten bestimmten noch immer Länderbahn-Maschinen das Bild.

Wirtschaftliche Vernunft: die Einheitslok ersetzt die Typenvielfalt

Mit den Einheitsdampfloks setzte die Deutsche Reichsbahn-Gesellschaft (DRG) die Typisierung und Normierung im Lokomotivbau und in der Fahrzeugunterhaltung durch. Die Grundlagen dafür waren bereits während des Ersten Weltkrieges geschaffen worden. Damals hatte sich bei dringend notwendigen Reparaturen gezeigt, dass ein freizügiger Austausch von Teilen zwischen den Loks – selbst zwischen Fahrzeugen einer Type – nicht möglich war, weil einheitliche Normen fehlten. Dieses Problem beschränkte sich nicht nur auf die Eisenbahn, sondern trat auch in andere Bereiche der deutschen Industrie auf. Erst der am 18. Mai 1917 geschaffene »Normalienausschuß für den allgemeinen Maschinenbau« löste das Problem, indem er die »Deutschen Industrie-Normen« (DIN) aufstellte, die bis heute gelten.

Doch die einheitliche Umsetzung für das deutsche Eisenbahnwesen gestaltete sich schwierig. Die Länderbahnen einigten sich 1916 lediglich auf die Entwicklung und den Bau einer schweren 1´Eh3-Güterzugmaschine, die spätere Baureihe 58. Gleichwohl war nun die Grundlage für die Normierung und Typisierung in der deutschen Lokomotiv-Industrie und bei Länderbahnen geschaffen. Unter dem Vorsitz des Direktors der Hannoverschen Maschinenbau-AG (Hanomag), Erich Metzeltin (1871–1948), konstituierte sich am 13. Februar 1918 der »Lokomotiv-Normen-Ausschuß«.

Den ersten Schritt in Richtung genormter Fahrzeuge für die Reichsbahn machte das Reichsverkehrsministerium (RVM) 1921. Im Zuge eines Treffens des »Ausschusses für Lokomotiven« gründete das RVM den »Engeren Ausschuss für Lokomotiven zur Vereinheitlichung der Lokomotiven«. Dem umgangssprachlich Lokausschuss genannten Gremium gehörten neben Vertretern des »Ausschusses für Lokomotiven« auch Mitarbeiter des Eisenbahn-Zentralamtes (EZA) an.

01 001 gehörte zu den zehn Erprobungsmustern der Baureihe 01. Die großen Windleitbleche waren ein Markenzeichen der Einheitslokomotiven.

Mit dem E 267 von Uelzen nach Rostock am Haken pausiert die fabrikneue 24 013 (Schichau 1928) im Hauptbahnhof Schwerin.

In den folgenden Jahren beschäftigte sich das neue Gremium maßgeblich mit der Schaffung einheitlicher Loktypen. Zahlreiche Entwürfe entstanden in dieser Zeit, wobei in den Diskussionen immer wieder Differenzen zwischen den nord- und süddeutschen Vertretern auftraten.

Prägend für die technische Gestaltung der Einheitsloks der neuen Einheitsloks wurde schließlich der neue Bauart-Dezernent Richard Paul Wagner (1882–1953), der am 1. Juli 1923 offiziell sein neues Amt antrat.

Der erster Typenplan enthielt zunächst nur die schweren Hauptbahnloks (20 t Achsfahrmasse) und die Rangiermaschinen (17,5 t Achsfahrmasse). 1925 folgte mit den Nebenbahnmaschinen (15 t Achsfahrmasse) noch eine dritte Fahrzeugreihe. Priorität besaß zunächst die Entwicklung sowohl einer schweren Schnellzug- als auch einer schweren Güterzuglok. Hier war jedoch die Frage des Triebwerks umstritten. Daher

beschloss die DRG zunächst jeweils nur zehn Maschinen der Baureihen 01, 02, 43 und 44 zu beschaffen und ausführlich zu testen. Anschließend wollte man die Triebwerksfrage entscheiden.

Die Konstruktion der Einheitsloks übernahm das Vereinheitlichungsbüro (VB) der Deutschen Lokomotivindustrie, das am 1. Oktober 1922 seine Arbeit aufnahm.

Die Entwicklung der Einheitsloks wurde maßgeblich von drei Männern geprägt: Neben dem zuvor erwähnten Bauart-Dezernenten Richard Paul Wagner waren dies der Leiter des VB, August Meister (1873–1939), sowie der Versuchs-Dezernent Hans Nordmann (1879–1957).

In der Fachwelt sorgten die ab Herbst 1925 in Dienst gestellten Einheitsloks der Baureihen 01 und 02 für Aufsehen. Ihnen folgten die schweren Güterzugloks der Baureihen 43 und 44

Auch 01 008 zählte zu den zehn Erprobungsmustern der Baureihe 01. 01 008 gehört heute zur Sammlung des Eisenbahn-Museums in Bochum-Dahlhausen.

sowie die Rangiermaschinen der Baureihen 80, 81 und 87. 1928 wurden die ersten Nebenbahnloks der Baureihen 24, 64 und 86 in Dienst gestellt. Alle Gattungen erfüllten die Erwartungen hinsichtlich Leistung und Zugkraft.

Durch die Typisierung und die Verwendung genormter Baugruppen konnte die DRG zwar die Entwicklungs- und Baukosten erheblich senken. Aber wegen der engen finanziellen Spielräume der DRG konnte die Hauptverwaltung nur die wichtigsten Typen in Serie beschaffen. Dazu zählten in erster Linie die Baureihe 01, von der bis 1931 insgesamt 101 Maschinen in Dienst gestellt wurden. Die imposanten Maschinen mit ihren großen Windleitblechen bildeten nun das Rückgrat im schweren Schnellzugverkehr und wurden so zum Inbegriff der Einheitsloks. Diese spielten jedoch im Fahrzeugpark der DRG eher eine untergeordnete Rolle. Von den 1931 im Betriebspark erfassten 22.194 Maschinen waren lediglich 520

Einheitsloks. Gleichwohl waren diese ein wirtschaftlicher Erfolg, denn den Unterhaltungskosten waren sie deutlich günstiger.

Die Einheitsloks prägten seit Ende der 1920er-Jahre auch das Bild auf vielen Nebenbahnen. Für diese Strecken hatte die DRG bis 1930 genau 63 Exemplare der Baureihe 24, 234 Loks der Baureihe 64 und 16 Maschinen der Baureihe 86 beschafft.

Im Personenzug-, Güterzug- und Rangierdienst waren moderne Einheitsloks hingegen die Ausnahme. Die parallel zur Baureihe 62 entwickelte 2´Ch2-Maschine der Baureihe 20 kam über die Projektphase nie hinaus. Von der Baureihe 62 stellte die Firma Henschel zwar 1928 insgesamt 15 Maschinen her, doch die DRG nahm aus finanziellen Gründen vor-

Die Dampflok auf dem Weg in die Moderne: 03 154 diente der LVA Grunewald als Versuchsträger für die Stromlinienverkleidung. Nach dem Zweiten Weltkrieg gelangte die Maschine zur DR, wo sie erst 1979 im Bw Stendal ausgedient hatte.

erst nur zwei Exemplare der gelungenen Konstruktion ab. Die anderen 13 Loks standen bis 1931 auf dem Firmengelände in Kassel. Von den Baureihen 43 und 44 verließen insgesamt 35 bzw. 10 Maschinen die Werkhallen. Auch bei den Rangierloks sah es nicht viel besser aus. Von der Baureihe 80 übernahm die DRG 1927/28 insgesamt 37 Maschinen. Dazu kamen noch zehn Exemplare der Baureihe 81. Seine Bewährungsprobe bestand das Einheitslokprogramm mit der Baureihe 87, die eigens für den Verschub im Hamburger Hafen konstruiert wurde. Unter Verwendung von Komponenten der Baureihen 80, 81 und 86 entstand der mit Luttermöller-Endachsen ausgerüstete Fünfkuppler, von dem Orenstein & Koppel (O & K) 16 Maschinen produzierte.

Aber auch für die Schmalspurbahnen der DRG entstanden neue Typen. Die Baureihe 99[73–76] für die 750 mm-Strecken der Reichsbahndirektion (RBD) Dresden war nahezu eine Neu-

konstruktion. Für die meterspurige Baureihe 9922 konnten hingegen Teile regelspuriger Typen verwendet werden.

Anfang der 1930er-Jahre beschaffte die DR erhebliche Stückzahlen von der Baureihe 03, einer eigentlich nicht geplanten Gattung. Da sich der Ausbau der Hauptstrecken auf eine Achsfahrmasse von 20 t verzögerte, wurde der Typenplan um eine leichte Schnellzuglok ergänzt. Aufbauend auf den Erfahrungen mit der Baureihe 01 entstand die Baureihe 03, deren Erprobungsmuster 1930 zur Verfügung standen.

Zwei Jahre später bewies das Einheitslokprogramm abermals seine Flexibilität. Aus dem Fahrwerk der Baureihe 44 und dem Kessel der Baureihe 62 entstand die schwere 1´E1´h2t-Maschine der Baureihe 85 für die Höllentalbahn. In den 1930er-Jahren beschäftigte sich die DRG u.a. mit der Verwendung höherer Kesseldrücke und dem Einsatz von windschnittigen

01 078 besaß die bereits die 6.800 mm langen Rauchrohre, deren Verwendung Bauart-Dezernent Richard Paul Wagner ab 01 077 durchgesetzt hatte.

Fahrzeugverkleidungen. Während die so genannten »Mitteldruckloks« der Baureihen 02[1], 24 und 44 nur Versuchsmuster blieben, erlangten die Stromlinienverkleidungen zuerst bei den Baureihen 05 und 61 ihre Serienreife. Allerdings spielten die Stromlinienloks kaum eine Rolle in der Zugförderung. Gleiches galt auch für die in den 1930er-Jahren entwickelten Baureihen 71, 84 und 890.

Mit dem Aufbau eines engmaschigen Schnellzugverkehrs benötigte die DRG ab Mitte der 1930er-Jahre neue, schnelle Güterzugmaschinen. Zusätzlich bestand Bedarf an einer Schnellzuglok für den Einsatz auf steigungsreichen Strecken. Der erweiterte Typenplan umfasste eine 1´E1´h3-Güterzuglok und eine 2´D2´h3-Schnellzugmaschine. Außerdem war noch eine 1´D1´h2-Maschine für Eil- und Durchgangsgüterzüge vorgesehen. Auch diese drei Typen besaßen viele gemeinsame Bauteile. Bereits 1936 standen jeweils zwei Erprobungsmuster der Baureihen 41 und 45 zur Verfügung. Während

sich die Baureihe 41 als eine ausgezeichnete Konstruktion erwies und sich zu einer Universalmaschine entwickelte, blieb die Baureihe 45 weit hinter den Erwartungen zurück. Der von Richard Paul Wagner favorisierte Langrohrkessel hatte bei der Baureihe 45 die Grenze des Möglichen erreicht. Zwar war die Zughakenleistung der Baureihe 45 um etwa 25 % höher als jene der Baureihe 44, doch die Instandhaltungskosten, vor allem für den Kessel, stiegen erheblich. Auch bei der 1939 ausgelieferten Baureihe 06 war der Kessel die Achilles-Ferse der Konstruktion. Zu diesem Zeitpunkt machten die Einheitsloks gerade einmal 6 % des Gesamtbestandes aus.

Gelungene Konstruktionen waren hingegen die Baureihen 23 und 50, die in der zweiten Hälfte der 1930er-Jahre entstanden und als letzte Einheitsloks in die Technik-Geschichte eingingen. Beide Gattungen sollten für die Verfeuerung minderwertiger Kohle geeignet sein. Die daraus resultierende größere Rostfläche führte zu einer höheren Strahlungsheiz-

Als die fabrikneue 01 004 im Sommer 1926 mit dem D 4 Hagen Hbf verließ, bestand die DRG noch nicht einmal zwei Jahre. 55 007, die als Rangierlok 1 auf ihren nächsten Einsatz wartete, stammte noch aus der Ära der Preußischen Staatsbahn.

fläche. Dadurch verbesserte sich das Verhältnis zwischen Strahlungs- und Rohrheizfläche, was der Leistungsfähigkeit des Kessels zugutekam. Doch bei der Entwicklung beider Gattungen zeichnete sich bereits das Ende der Ära Wagner ab. Die Konstruktionsprinzipien des Bauart-Dezernenten stießen immer mehr auf Widerstand. Vor allem Friedrich Witte (1900–1977), der ab 1934 dem Lokausschuss angehörte und 1942 das Bauart-Dezernat leitete, forderte die Nutzung neuer Baugruppen, insbesondere der Verbrennungskammer.

Im Jahr 1939 stellte das RVM ein umfassendes Investitionsprogramm für neue Fahrzeuge vor. Für die Reichsbahn sollten zwischen 1940 und 1943 insgesamt 5.520 Einheitsloks aus 13 Baureihen beschafft werden. Doch der Zweite Weltkrieg

vereitelte das Vorhaben. Ab 1941 benötigte die Reichsbahn nur noch Güterzugloks. Lediglich die bereits begonnenen Maschinen der Baureihen 01^{10}, 03^{10}, 24, 41 und 64 wurden fertig gestellt. Alle anderen Aufträge stornierte die Reichsbahn zu Gunsten der Baureihen 44, 50 und 86. Diese wurden ab dem Frühjahr 1942 schrittweise vereinfacht. Schließlich endete die Fertigung der Einheitslok zu Gunsten der Kriegsloks der Baureihen 42 und 52. Deren Konstruktion und Produktion wäre ohne die Erfahrungen mit den Einheitsloks nicht möglich gewesen. Erst durch die Massenfertigung der Baureihen 42 und 52 konnte die Reichsbahn ihren Triebfahrzeugbestand deutlich verjüngen. Bei Kriegsende 1945 machten die rund 14.500 Einheits- und Kriegsloks etwa ein Drittel des Gesamtbestandes aus.

Schnellzug-Dampfloks

Baureihe 01

Als 1923 der erste Typenplan für die Einheitslokomotiven vorlag, gehörten dazu auch zwei schwere 2'C1'-Schnellzugmaschinen, die sich lediglich durch ihr Triebwerk voneinander unterschieden. Da keine Einigkeit darüber bestand, ob nun das Vierzylinderverbund- oder das Zweizylinder-Triebwerk wirtschaftlicher sei, sollten gründliche Versuchsfahrten diese Frage beantworten. So gab das Reichsbahn-Zentralamt (RZA) schließlich je zehn Maschinen der Baureihen 01 (2'C1'h2) und 02 (2'C1'h4v) in Auftrag, die 1925/26 geliefert wurden. Die Lokomotiv-Versuchsabteilung (LVA) Grunewald unterzog beide Typen einem umfangreichen Versuchsprogramm, das die Baureihe 01 für sich entschied: In fünf Lieferserien stellte die DR bis 1938 insgesamt 231 Maschinen in Dienst.

Zwar wurden die Loks im Laufe der Jahre in einigen Details verbessert, die Grundkonstruktion der Baureihe 01 blieb aber erhalten. Dazu zählten der solide Barrenrahmen, der genietete Kessel und die großen Windleitbleche. Der Einbau größerer Laufräder im vorderen Drehgestell und einer verstärkten Bremse erlaubte es, ab 01 102 die zulässige Höchstgeschwindigkeit von 120 auf 130 km/h anzuheben.

Die Baureihe 01 war die »Mutter« aller Dampfloks der Einheitsbauart und prägte über Jahrzehnte hinweg das Bild im Schnellzugdienst. Als die obere Frontalaufnahme der 01 001 am 2. September 1932 entstand, waren die Loks gerade einmal sechs Jahre alt.

Baureihe 01^{10}

Mitte der 1930er-Jahre plante die Deutsche Reichsbahn-Gesellschaft (DRG) den Aufbau eines Schnellverkehrsnetzes. Dazu bedurfte es aber neuer Maschinen, denn die Baureihen 01 und 03 waren dafür nur bedingt geeignet. So erhielt das RZA schließlich den Auftrag, eine dreizylindrige 01 mit Stromlinienverkleidung zu entwickeln. Nachdem das RZA insgesamt 205 Exemplare der als Baureihe 01^{10} vorgesehene Type in Auftrag gegeben hatte, lieferte die Berliner Maschinenbau AG (BMAG), vormals Louis Schwartzkopff, im Sommer 1939

die 01 1001 ab. Die Versuchsfahrten ergaben, dass die 01^{10} einen 550 t schweren Schnellzug mit 120 km/h in der Ebene beförderte.

Doch der Zweite Weltkrieg beendete die Schnellverkehrspläne der DR. Ab Januar 1940 wurde der hochwertige Reiseverkehr drastisch reduziert. Ein dringender Bedarf an den Stromlinien-Maschinen bestand nun nicht mehr, so dass das RZA noch im Frühjahr 1940 seine Bestellung stornierte und lediglich die begonnenen Loks abnahm, insgesamt 55 Maschinen.

Anders als ursprünglich geplant wurden von der Baureihe 01^{10} wegen des Krieges nur 55 Exemplare gefertigt.

Baureihe 02

Als die Deutsche Reichsbahn Anfang der 1920er-Jahre begann, ihren Fahrzeugpark zu modernisieren, herrschte Uneinigkeit über die technische Umsetzung. Bei der dringend benötigten schweren Schnellzuglokomotive stritten die Ingenieure über das Triebwerk. Während die Vertreter der ehemaligen süddeutschen Länderbahnen für das Vierzylinderverbund-Triebwerk plädierten, favorisierten die preußischen Mitglieder das Zweizylinder-Triebwerk. Schließlich einigte man sich auf den Bau von jeweils zehn Zweizylinder- und Vierzylinderverbund-Maschinen. Ein messtechnischer Vergleich sollte die Streitfrage endgültig entscheiden. Allerdings sollten sich die beiden Typen nur im Triebwerk voneinander unterscheiden, so dass die unterlegene Gattung umgebaut werden konnte.

Bereits 1923 lagen die ersten Entwürfe für die Baureihe 02 vor. Im Oktober 1925 lieferte Henschel schließlich die 02 001 als erste deutsche Einheitslok ab. Die 02 002 absolvierte ab

30. Januar 1926 bei der Lokomotiv-Versuchsabteilung (LVA) Grunewald ein umfangreiches Testprogramm. Als Vergleich diente die 01 001, gegen die die 02 002 aber keine Chance hatte.

Nach der Entscheidung für den Bau der Baureihe 01 wurden die zehn Verbundloks im Bw Hof zusammengezogen. Erst 1937 ordnete das RZA den Umbau der Maschinen an. Das Reichsbahnausbesserungswerk (RAW) Meiningen baute bis 1942 die zehn 02er in 01 011 und 01 233 bis 01 241 um.

Die zehn Maschinen der Baureihe 02 waren meist im Bw Hof stationiert. 02 008 wurde im Herbst 1942 zur 01 240 umgebaut.

Die Vierzylinderverbundlok 02 006 wurde während des Zweiten Weltkriegs zur Zweizylinderlok 01 239 umgebaut.

Seite 86 unten:
Gut zu erkennen sind auf dieser Aufnahme die mittleren Hochdruckzylinder der 02 006.

Baureihe 03

Als Ende der 1920er-Jahre der Ausbau der Hauptstrecken auf eine Achsfahrmasse von 20 Tonnen ins Stocken geriet, benötigte die Deutsche Reichsbahn-Gesellschaft (DRG) eine neue »leichte« Schnellzuglok. So schrieb die Hauptverwaltung der DRG am 20. Februar 1929 die Entwicklung einer 2´C1´-Schnellzugmaschine mit einer maximalen Achsfahrmasse von 17,5 Tonnen aus. Mit der Lieferung der gewünschten drei Baumuster beauftragte das RZA schließlich die Firma Borsig, die am 3. Juli 1930 die 03 001 an die DRG übergab. Bei den anschließenden Messfahrten der Lokomotiv-Versuchsabteilung (LVA) Grunewald erwies sich die Baureihe 03 als eine gelungene Konstruktion. Lediglich das Laufverhalten der Baureihe 03 konnte nicht völlig befriedigen. Nach einigen konstruktiven Änderungen begann 1931 die Serienfertigung der Baureihe 03. Die DRG stellte bis 1938 insgesamt 298 Exemplare der Baureihe 03 in Dienst, die damit die meist gebaute deutsche Schnellzuglok war.

Die Baureihe 03 ist mit 298 Exemplaren die meistgebaute Einheitsschnellzuglok.

03 151 war für eine Höchstgeschwindigkeit von 130 km/ zugelassen, weil die hintere Laufachse (ab 03 123) eine Bremse besaß.

03 1090 (Bw Linz) mit D 121 aus Wien bei der Durchfahrt Attnang-Puchheim (ohne Datum; vmtl. 1940).

Baureihe 03^{10}

Die Deutsche Reichsbahn-Gesellschaft (DRG) plante Mitte der 1930er-Jahre den Aufbau eines Schnellverkehrsnetzes. Dafür waren die Baureihen 01 und 03 aber nur bedingt geeignet. Deshalb ließ die DRG parallel zur Baureihe 03^{10} auch eine neue 03 entwickeln. Nachdem die Pläne vorlagen, entschied sich die Hauptverwaltung der DRG schließlich für eine stromlinienverkleidete Dreizylinder-Schnellzuglok. Von der neuen Baureihe 03^{10} bestellte die Hauptverwaltung 1938 bei den Firmen Borsig, Krupp und Krauss-Maffei insgesamt 140

Maschinen. Über ein Jahr später, am 5. Dezember 1939 lieferte Borsig schließlich die 03 1001 aus.

Mittlerweile hatte der Zweite Weltkrieg begonnen und die betriebliche Situation der DRG dramatisch verändert: Wie bei der 01^{10} bestand nun auch bei der 03^{10} kein Bedarf mehr. Noch im Frühjahr 1940 stornierte die Hauptverwaltung ihre Bestellung. Nur noch die bereits begonnenen Maschinen durften fertiggestellt werden. So wurden lediglich 60 Loks abgenommen.

Wenige Monate nach der Endabnahme der 03 1081 im Oktober 1940 entstand diese Aufnahme der imposanten Stromlinienmaschine.

Baureihe 05

Anfang der 1930er-Jahre benötigte die Deutsche Reichsbahn-Gesellschaft (DRG) für die Erprobung neuer Reisezugwagen bei 150 km/h eine spezielle Schnellfahr-Maschine. Da Erfahrungen mit Dampflokomotiven in diesem Geschwindigkeitsbereich fehlten, schrieb die DRG die Entwicklung aus. Pionierarbeit in diesem Bereich leistete dabei die Firma Borsig. Beide Loks erhielten eine Stromlinienverkleidung, da dadurch im oberen Geschwindigkeitsbereich deutlich höhere Leistungen erzielt werden konnten. Am 8. März 1935 war es dann endlich soweit: Borsig übergab die 05 001 der DRG. Anschließend übernahm die Lokomotiv-Versuchsabteilung (LVA) Berlin-Grunewald die Maschinen für ausgiebige Versuchsfahrten. Für Aufsehen sorgten die weinroten Stromlinien-Maschinen ein Jahr später: Bei einer Demonstrationsfahrt stellte am 11. Mai 1936 die 05 002 den Geschwindigkeitsrekord für deutsche Dampflokomotiven auf. Auf einer Fahrt von Hamburg nach Berlin erreichte sie mit einem 197 Tonnen schweren Zug stolze 200,4 km/h!

Nach Abschluss der Versuchsfahrten kamen beide Loks zum Bw Altona, das sie vor Schnellzügen nach Berlin einsetzte. Die 05 001 blieb als Schaustück im Verkehrsmuseum Nürnberg erhalten.

Zwischen Hamburg und Berlin erreichte 05 002 am 11. Mai 1936 200,4 km/h.

Baureihe 06

Anfang der 1930er-Jahre benötigte die Deutsche Reichs-bahn-Gesellschaft (DRG) für den schweren Schnellzugdienst im Hügelland dringend eine neue vierfachgekuppelte Maschine, deren Entwicklung 1934 ausgeschrieben wurde. Nach den ersten Vorentwürfen beauftragte die DRG die Firma Krupp mit der Konstruktion und Fertigung der beiden gewünschten Baumuster. Obwohl Krupp eine 1'D2'-Maschine vorgeschlagen hatte, bestand die DRG auf der Achsfolge 2'D2', da man Zweifel an der Betriebssicherheit des von Krupp vorgeschlagenen Krauss-Helmholtz-Lenkgestells hatte. Außerdem hatten einige Ingenieure Bedenken, dass der vom Bauart-Dezer-

nenten Richard Paul Wagner favorisierte Langrohrkessel die geforderte Verdampfungsleistung bringen könne und den Belastungen gewachsen sei. Trotzdem beharrte Wagner auf diesem. Erst 1939 nahm die Reichsbahn die beiden Loks, die als die größten deutschen Schnellzug-Maschinen in die Eisenbahngeschichte eingingen, ab. Doch weder vor dem Messwagen des Lokomotiv-Versuchsamtes (LVA) Grunewald noch vor Planzügen konnte die 06 überzeugen. Noch während des Zweiten Weltkrieges wurden beide Loks abgestellt und 1951 von der DB ausgemustert.

Im Sommer 1939 stand die erst wenige Wochen alte 06 001 in Berlin-Grunewald. Nach einem Luftangriff musste die Maschine Ende Dezember 1944 abgestellt werden. Sieben Jahre später wurde sie ausgemustert und verschrottet.

Baureihe 19¹⁰ (Versuchslok)

Einen radikalen Bruch mit der konventionellen Dampflok-Technik stellte die von der Firma Henschel & Sohn im Jahr 1941 gelieferte Dampfmotorlok 19 1001 dar. Die Maschinen der Baureihe 05 hatten die Grenzen der traditionellen Kolbendampflok gezeigt. Höhere Geschwindigkeiten erforderten nun einen völlig neuen Antrieb. Diesen präsentierte Henschel in Form von Dampfmotoren an der 19 1001. Jeder der vier angetriebenen Radsätze besaß einen eigenen V-förmigen Dampfmotor. Trotz der nur 1.250 mm großen Triebräder war die 19 1001 für eine Höchstgeschwindigkeit von 175 km/h ausgelegt. Der für 20 kp/cm² zugelassenen Kessel hingegen baute auf dem Dampferzeuger der Baureihe 44 auf.

Nach einigen Startschwierigkeiten bestach die Lok durch ihre außergewöhnliche Laufruhe. Allerdings mussten die Versuchsfahrten 1943 abgebrochen werden und die Lok wurde dem Bw Hamburg-Altona zugeteilt. Vor Schnellzügen auf den Strecken nach Berlin und Osnabrück bewährte sich die Lok sehr gut. Ein Bombentreffer beendet im August 1944 den Einsatz der 19 1001, die nach einer Instandsetzung bei Henschel am 18. Oktober 1945 von der US-Armee beschlagnahmt und nach Fort Eustice in Virginia verbracht wurde. Dort wurde sie schließlich 1952 verschrottet.

Außergewöhnliche Technik: Die formschöne Stromlinienlok 19 1001 wurde von Dampfmotoren angetrieben.

Personenzug-Dampfloks

Baureihe 23

Mitte der 1930er-Jahre sah die Hauptverwaltung der Deutschen Reichsbahn-Gesellschaft (DRG) Bedarf an einer neuen Personenzuglok als Ersatz für die P 8, mit deren Entwicklung am 17. Juli 1936 das Reichsbahn-Zentralamt (RZA) beauftragt wurde. Etwas länger dauerte die Wahl des richtigen Kessels: Der Lokausschuss empfahl schließlich nach langen und teilweise sehr kontrovers geführten Diskussionen die Verwendung des für die Baureihe 50 geplanten Dampferzeugers. Außerdem sollte die 1'C1'h2-Maschine für 110 km/h ausgelegt und mit dem neuen Einheitstender der Bauart 2'2' T 26 gekuppelt werden. Die endgültige Ausarbeitung der Unterlagen für die Baureihe 23 übernahm schließlich Schichau, wo 1941 auch die beiden Baumuster gefertigt wurden. Die Maschinen bestachen durch ein sehr gutes Beschleunigungsvermögen, eine hohe Zugkraft und ausgezeichnete Laufeigenschaften. Doch an eine Serienlieferung war aufgrund des Zweiten Weltkrieges nicht zu denken, sodass die Reichsbahn ihre Bestellung von ursprünglich 800 Maschinen 1940 zu Gunsten der Baureihe 50 stornierte.

Ab 1939 wurden die Dampfloks der DRG mit dem »Hoheitszeichen« des Deutschen Reichs ausgerüstet. Die 1941 gebaute 23 001 besaß das »Hoheitszeichen« bereits bei ihrer Indienststellung.

Die Baureihe 23 war eine der gelungensten Entwicklungen der Deutschen Reichsbahn. Im Frühjahr 1941 wartete 23 001 in Berlin-Grunewald auf den nächsten Einsatz.

Baureihe 24

Bereits 1922 beschloss die Reichsbahn, wurde Einheitslokomotiven für den Nebenbahndienst zu entwickeln, und zwar
eine 1'Ch2-Schlepptenderlok sowie je einer 1'C1'h2- und
einer 1'D1'h2-Tenderlok. Alle drei Typen sollte eine Achsfahrmasse von maximal 15 t haben und in zahlreichen Bauteilen
übereinstimmen. Die Schlepptenderlok und die 1'C1'h2-Ma-
schinen der Baureihe 64 (siehe Seite 106) waren ein Muster-
beispiel der Typisierung: Der Kessel, die Zylinder, das Triebwerk und das vordere Bissel-Gestell waren identisch.

Schichau lieferte 1928 die ersten zehn Maschinen der Baureihe 24, der bis zum Jahresende weitere sieben Loks folgten.
Bis Ende 1929 besaß die DRG schließlich 63 Maschinen. Die
Lokführer und Heizer schätzten die Laufruhe sowie den geringen Wasser- und Kohlenverbrauch, was den Maschinen den
Spitznamen »Steppenpferd« einbrachte. Zum Jahreswechsel
1931/32 stellte die DRG noch einmal sieben 24er in Dienst.
Ab 1936 beschaffte die DRG weitere 24er, so dass der Bestand bis 1940 auf 95 Exemplare anwuchs.

*24 007 gehörte von 1932 bis 1934 zum Bestand des Bw Mar-
burg. Dort präsentierte sich die Maschine in einem tadellosen
Zustand.*

*24 001 war nach ihrer Indienststellung im Bw Wriezen der RBD Stettin stationiert. Dort entstand am 20. Juni 1932 diese Aufnah-
me. Die Baureihe 24 war die kleinste Schlepptendermaschine des Einheitslokprogramms.*

Güterzug-Dampfloks

Baureihe 41

Die Deutsche Reichsbahn-Gesellschaft (DRG) benötigte Anfang der 1930er-Jahre dringend eine schnelle Güterzuglok, die eine Höchstgeschwindigkeit von 90 km/h und eine Achsfahrmasse von höchstens 18 t besitzen sollte. Nach längerer Diskussion entschied man sich für den Entwurf einer 1´D1´h2-Maschine der Berliner Maschinenbau AG (BMAG). Bei der Baureihe 41 konnte die Achsfahrmasse der Kuppelachsen wahlweise auf 18 oder 20 t durch einfaches Umstecken der Bolzen in den Bohrungen der Ausgleichhebel eingestellt werden. Für den Kessel, der weitgehend dem der Baureihe 03 entsprach, wurde zur Masseersparnis der hochfeste, kalt ver-

Vor der Auslieferung lichtete der Werksfotograf der Firma Schichau im Mai 1939 die 41 182 ab. Die Maschine verblieb nach dem Zweiten Weltkrieg bei der DR und wurde erst 1986 ausgemustert.

41 166 begann ihre Laufbahn 1939 im Bw Aschaffenburg, wo um 1940 diese Aufnahme entstand. Die DB rüstete die Maschine mit einem Neubaukessel (1957) und einer Ölhauptfeuerung (1958) aus. 1975 hatte die Maschine ausgedient.

formte Stahl St 47 K verwendet – ein schwerer Fehler.
Die Serienfertigung begann 1938. Zunächst wurden die neuen Maschinen vor Eil- und Durchgangsgüterzügen eingesetzt. Nach dem Beginn des Zweiten Weltkrieges spielten die schnellen Güterzugloks nur noch eine untergeordnete Rolle. Das RZA stornierte im Januar 1941 die noch offenen Lieferungen. Im Juni 1941 lieferte die Maschinenfabrik Esslingen schließlich die letzten der insgesamt 366 Exemplare der Baureihe 41 aus.

Bald sorgte der für den Kessel verwendete Stahl St 47 K für erhebliche Probleme, da das nicht alterungsbeständige und sehr spröde Material leicht zur Rissbildung neigte. Die Folge waren schwere Kesselschäden, so dass das RZA 1941 den Betriebsdruck von 20 auf 16 kp/cm^2 verringern musste. Außerdem ließ man 1943/44 insgesamt 40 Ersatzkessel bauen.

Die von der Maschinenfabrik Esslingen gebaute 41 186 wurde nach ihrer Abnahme am 29. Mai 1936 dem Bw Stuttgart-Rosenstein zugeteilt. Die Aufnahme zeigt die Lok bei einer Probefahrt.

Seite 97:
Ein großer Wurf: Die Baureihe 41 gilt bis heute als die einzige richtige Universallok der Deutschen Reichsbahn.

Baureihe 43

Die DRG sah bereits in ihrem ersten Typenplan die Beschaffung einer 1´E-Schlepptenderlok für den schweren Güterzugdienst auf Hauptstrecken vor. Unklar war, ob hier ein Zweizylinder- oder ein Dreizylindertriebwerk wirtschaftlicher sei. Nach intensiven Diskussionen ordnete die Hauptverwaltung der DRG die Beschaffung von jeweils zehn Baumustern der schweren 1´E-Güterzuglok mit Zwei- und Dreizylindertriebwerk an. Beide Typen sollten bis auf das Triebwerk identisch sein. Nach Abschluss der Versuchsfahrten der LVA Grunewald sollte dann die wirtschaftlichere Type weiterbeschafft werden. Deshalb entwickelte die DRG eine 1´E h2- und eine 1´E h3-Lok (BR 44), die sich nur im Triebwerk von einander unterschieden. Die von der BMAG und Henschel 1927 als BR 43 gelieferten Zweizylinderloks wurden mit der BR 44 eingehenden Versuchen unterzogen. Die BR 43 erwies sich als sehr gut: Dank der großzügig dimensionierten Zylinder erfüllte die Baureihe 43 das geforderte Leistungsprogramm mühelos. Als höchste indizierte Leistung wurden 2.000 PSi ermittelt. Sie erreichte mit 10 Prozent den besten Gesamtwirkungsgrad aller Einheitsloks. Bis 1.500 PSi war sie wirtschaftlicher als die BR 44, so dass die DRG bis 1928 weitere 25 Exemplare der BR 43 beschaffte.

Die DRG nahm 43 001 am 4. April 1927 als Erste ihrer Baureihe ab.

Die DRG beschaffte insgesamt 35 Maschinen der Baureihe 43, die mit einem Gesamtwirkungsgrad von 10 % zu den besten deutschen Dampfloks gehörten.

Baureihe 44

Aufgrund ihrer Zugkraft sind die Dreizylinder-Maschinen der Baureihe 44 als »Jumbo« gemeinhin bekannt. Doch es war ein langer Weg, bevor die 1´Eh3-Maschine ein Erfolgsmodell wurde. Nachdem die DRG zunächst der Baureihe 43 (siehe S. 98) den Vorzug gegeben hatte, benötigte man in der zweiten Hälfte der 30er-Jahre neue Maschinen zur Beschleunigung des Güterverkehrs. Aufgrund der geänderten betrieblichen Verhältnisse war nun die Dreizylinderlok die bessere Bauart. Für die Baureihe 44 sprachen die langfristig geringeren Unterhaltungskosten (vor allem für Triebwerk und Rahmen). Die DRG gab aber keinen Nachbau der 1926 gelieferten Prototypen in Auftrag. Vielmehr musste die Konstruktion gründlich

371

Die Baumuster der Baureihe 44 besaßen bei ihrer Indienststellung noch eine Gasbeleuchtung der Bauart Pintsch. Erst später wurden die Loks mit einer elektrischen Beleuchtung ausgerüstet. Für den Schiebedienst auf der Frankenwaldrampe war 44 006 mit einer so genannten Keller'schen Kupplung, die der Lokführer mittels eines Drahtseils ausklinken konnte, ausgerüstet.

44 007 passiert mit einem Güterzug von Saalfeld nach Lichtenfels den Bahnhof Ludwigstadt.

überarbeitet werden. Diese so genannten »Zwischenausführung« (44 013–44 065) gab die Reichsbahn 1936 in Auftrag. Die anschließende Serienausführung unterschied sich von der »Zwischenausführung« durch weitere Veränderungen, die u.a. den Kessel und den Steuerungsantrieb für den mittleren Zylinder betrafen. Nach der so genannten Zwischenausführung begann 1937 die Serienlieferung. Bis 1944 wurden über 1.700 Jumbos gefertigt.

44 021 gehörte zur so genannten »Zwischenausführung«. Das Foto der im Bw Würzburg beheimateten Maschine entstand um 1938 im Bw Treuchtlingen. Die Maschine war versuchsweise mit einem Speisewasserreiniger (»Dejektor«) ausgerüstet.

Baureihe 45

Bereits Anfang der 30er-Jahre machte sich die DRG Gedanken um die Beschaffung einer 90 km/h schnellen Güterzuglok für den Einsatz im Mittelgebirge. Das 1934 vom RZA vorgelegte Typenprogramm sah neben den Maschinen der Baureihen 41 und 44 auch die Beschaffung einer fünffach gekuppelten, 90 km/h schnellen Maschine für den Eilgüterzugdienst vor. Nach zahllosen Diskussionen wurde die Baureihe 45 als 1´E 1´h3-Maschine in Auftrag gegeben. Die beiden Prototypen lieferte Henschel 1936. Die Baureihe 45 ging als größte, schnellste und leistungsstärkste deutsche Güterzuglok in die Eisenbahn-Geschichte ein.

Erst 1939 war die Serienreife erreicht und das RZA gab die ersten 50 von insgesamt 320 geplanten Maschinen in Auftrag. Aufgrund des Zweiten Weltkrieges wurde bereits im Sommer 1940 der Auftrag wieder storniert. Lediglich die bereits bei der Firma Henschel angefangenen 26 Maschinen wurden noch fertig gestellt und bis August 1941 an die DRB geliefert.

Ihre Leistung konnten die insgesamt 28 Maschinen nie richtig ausspielen. Die zu kleine Strahlungsheizfläche und die zu große Rohrheizfläche führten bei den Leistungen, die man den Maschinen abverlangte, unweigerlich zu Kesselschäden. Bei Kriegsende waren die meisten Maschinen abgestellt.

Die DRB beschaffte neben den beiden Prototypen 1940/41 noch weitere 26 Maschinen der Baureihe 45. Die 45 026 wurde am 17. Juni 1941 in Dienst gestellt. Bereits 1953 hatte sie ausgedient.

Baureihe 50

Die Baureihe 50 war eine der besten und meistgebauten Einheitsmaschinen. Mitte der 30er-Jahre benötigte die Reichsbahn eine leistungsstarke Dampflok mit maximal 15 Tonnen Achslast für den Einsatz im schweren Güterzugdienst auf Nebenbahnen. Nach ausführlichen Diskussionen entschied sich die Reichsbahn 1937 zum Bau einer 1´Eh2-Maschine, deren erste zehn Vorausmaschinen Henschel 1939 lieferte. Die Maschine glänzte durch sehr gute Laufeigenschaften, Verbrauchswerte und einen gelungenen Kessel. Auch die Leistung ließ keine Wünsche übrig. Mit ihrer geringen Achslast und ihren 80 km/h Höchstgeschwindigkeit wurde die Baureihe 50 zu einer universell einsetzbaren Maschine. Die DR verringerte jedoch die zulässige Höchstgeschwindigkeit bei Rückwärtsfahrten später auf 50 km/h.

Bereits im Sommer 1939 begann die Serienproduktion der Baureihe 50. Bis 1943 wollte die DRB insgesamt 1.200 Maschinen beschaffen. Doch mit dem Beginn des Zweiten Weltkrieges stieg der Bedarf an 50ern sprunghaft an. Um die Produktionsquoten zu erhöhen, wurden die Loks ab 1942 schrittweise vereinfacht. Bis 1944 stellte die DRB insgesamt 3.141 Exemplare der Baureihe 50 in Dienst, die sowohl auf Nebenstrecken als auch auf Hauptbahnen vor Personen- und Güterzügen im Einsatz waren.

50 457 wartet am 20. September 1940 im Bw Wien West auf ihren nächsten Einsatz. Wegen des Krieges sind ihre Laternen bereits abgeblendet.

50 008 gehörte zu den zwölf Baumustermaschinen. Nach ihrer Indienststellung 1939 war die Lok zunächst im Bw Leipzig-Engelsdorf beheimatet. Die Lok verblieb bei der DB, wo sie am 2. Oktober 1968 im Bw Lehrte ausgemustert wurde.

Schnellzug- und Personenzug-Tenderloks

Baureihe 61

Zu Beginn der 1930er-Jahre entwickelten sich die Dieseltriebwagen auch im hochwertigen Reiseverkehr zu einer Konkurrenz für lokbespannte Züge. Als Alternative schlugen die Firmen Henschel & Sohn und die Waggonfabrik Gebrüder Wegmann AG der Deutschen Reichsbahn-Gesellschaft (DRG) den Bau eines leichten Schnellzugs vor, der aus vier Wagen und einer stromlinienverkleideten Tenderlok bestehen sollte. Die als Baureihe 61 vorgesehene Maschine erhielt 2.300 mm große Kuppelräder und ein Zweizylinder-Triebwerk. Im Frühjahr 1935 übergab Henschel die 61 001 an die DRG. Bei der messtechnischen Untersuchung der Lok zeigte sich, dass der Henschel-Wegmann-Zug den Schnelltriebwagen ebenbürtig war. Ab Mitte Mai 1936 verkehrte der Henschel-Wegmann-Zug zwischen Dresden und Berlin. Allerdings wies 61 001 im Dauereinsatz zwei Mängel auf: zu knapp bemessene Vorräte und eine mangelhafte Laufruhe bei hohen Geschwindigkeiten. Dies führte zur Entwicklung der 61 002. Diese besaß anstelle des Zwei- ein Dreizylindertriebwerk und

61 001 ist mit dem D 53 auf dem Weg nach Dresden.

deutlich größere Vorräte, die ein hinteres dreiachsiges Drehgestell notwendig machten. Im Juni 1939 lieferte die Firma Henschel 61 002 an die Reichsbahn, die sie ebenfalls zwischen Dresden und Berlin einsetzte.

61 001 überquert mit dem Henschel-Wegmann-Zug die Elbe in Dresden.

Baureihe 62

Für den Einsatz vor Eil- und Schnellzügen auf Stichstrecken, deren Endbahnhöfe keine Drehscheiben besaßen, entwickelte die Deutsche Reichsbahn-Gesellschaft (DRG) die Baureihe 62. Charakteristisch für die Baureihe 62 waren die hohe Kessellage und die fehlenden seitlichen Wasserkästen. Damit war die Baureihe 62 die erste deutsche Tenderlok, die nur Vorratsbehälter hinter dem Führerhaus besaß. Die beiden Prototypen dieser 2´C2´h2t-Maschinen lieferte Henschel 1928.

Bei den Versuchsfahrten erwies sich die Baureihe 62 als eine gelungene Konstruktion. Das geforderte Leistungsprogramm erfüllten die Maschinen problemlos. Außerdem überzeugten

Das typische Aussehen der BR 62 dokumentiert diese Aufnahme von der 62 004 im Bw Düsseldorf Abstellbahnhof (7. Mai 1932). Sehr gut sind der Barrenrahmen sowie der zwischen der zweiten und der dritten Kuppelachse liegende Stehkessel zu erkennen. Das hintere Drehgestell trug die Vorratsbehälter.

62 006 bringt den internationalen Schnellzug D 14 Berlin–Oslo zum Fährhafen Sassnitz. Die Aufnahme entstand bei Bergen auf Rügen.

sie durch geringe Verbrauchswerte. Einziger Schwachpunkt war das Führerhaus, das ständig lose war.

Trotz dieser guten Versuchsergebnisse setzte sich die Baureihe 62 nicht durch. Dafür gab es im Wesentlichen zwei Gründe: Zum einen waren die Loks für die DRG zu teuer, zum anderen ging der Ausbau der Hauptstrecken auf eine Achslast mit 20 Tonnen nur schleppend voran. Erst nach langwierigen Verhandlungen nahm die DRG 1931/32 die restlichen 13 bei Henschel gebauten Maschinen ab. Die DRG verteilte die Loks auf die Bahnbetriebswerke Düsseldorf Abstellbahnhof, Meiningen und Saßnitz.

Bei der Baureihe 62 waren die Vorräte über dem hinteren Drehgestell untergebracht. Typisch für die spurt- und zugstarke Tenderlok war der unsymmetrische Achsstand.

Ebenfalls bei Bergen auf Rügen gelang Altmeister Carl Bellingrodt dieses Foto von 62 007 mit D-Zug.

Baureihe 64

In der zweiten Hälfte der 20er-Jahre musste die DRG den Betrieb auf ihren Nebenstrecken grundlegend rationalisieren. Deshalb entwickelte die DRG eine Typenserie von Nebenbahn-Lokomotiven mit 15 Tonnen Achslast, zu denen neben den Baureihen 24 und 86 auch die Baureihe 64 gehörte. Zur Senkung der Beschaffungs- und Instandhaltungskosten waren zahlreiche Bauteile und Baugruppen innerhalb dieser drei Baureihen tauschbar. Die Baureihe 64 selbst stand ihrerseits bei der Entwicklung der Baureihe 24 Pate. So waren z.B. Kessel, Trieb- und Laufwerk der 64er und 24er identisch.

Die ersten Exemplare der Baureihe 64 stellte die DRG 1928 in Dienst. Die kleinen Maschinen erwiesen sich als robuste, leistungsfähige und wirtschaftliche Lokomotiven. Bis 1940 wurden insgesamt 520 Exemplare der 1´C1´-Tenderloks gebaut. Die als »Bubikopf« bezeichneten Maschinen erfreuten sich auch beim Personal großer Beliebtheit.

Für den Einsatz auf Nebenbahnen beschaffte die DRG die Baureihe 64, die später auch als »Bubikopf« bezeichnet wurde. 64 099 stand am 21. Januar 1933 in ihrem Heimat-Bw Holzwickede.

Seite 107:
Die Baureihe 64 war in der Lage, auf Hauptbahnen in der Ebene 450 t schwere Eil- und Schnellzüge mit 90 km/h zu befördern. Dies machte die Baureihe 64 zu einer universell einsetzbaren Gattung.

Die Nebenbahn war das klassische Einsatzgebiet der Baureihe 64. In den 1930er-Jahren ist 64 423 ist mit dem P 2015 in Oberfranken auf der Bahnlinie Forchheim–Behringersmühle bei Gößweinstein unterwegs.

Im Werk Allach der Krauss-Maffei AG wartete im März 1937 die fabrikneue 64 388 auf ihre Abnahme. Die Maschine besaß geschweißte Vorratsbehälter und eine Scherenbremse.

Nebenbahnromantik: 64 273 rangiert 1933 im Hafen von Barth am Barther Bodden (Ostseeküste).

Baureihe 71⁰

Die Baureihe 71^0 war in den ursprünglichen Beschaffungs-plänen der DRG nicht enthalten. Im Zusammenhang mit den Vorarbeiten für die Baureihe 890 entstand 1927 die Idee, eine leichte, aber schnelle 1′Bh2-Tenderlok für den Personenzug-dienst zu entwickeln. Diese Maschine sollte kurze Personen-züge auf Neben- und Hauptbahnen bespannen. Bereits im Januar 1928 legte das VB die ersten Entwürfe für die 1′Bh2t-Maschine vor. Bei der Konstruktion der kleinen Personenzug-Tenderlok ging die DRG neue Wege. Die Baureihe 71^0 erhielt einen Blechrahmen und wurde weitgehend geschweißt.

Nach Abschluss der Konstruktionsarbeiten beauftragte die DRG die BMAG mit dem Bau zweier Prototypen, die Ende 1934 geliefert wurden. Die anschließenden Versuchsfahr-ten offenbarten einige Mängel. Mit einer indizierten Leistung von 560 PSi konnte die Lok zwar das geforderte Leistungs-programm erfüllen, doch der Dampfverbrauch und das Lauf-verhalten überzeugten nicht. Aus diesem Grund wurden der Zylinder- und der Kuppelraddurchmesser vergrößert. 1936 lieferten Borsig und Krupp jeweils zwei weitere Maschinen der

Baureihe 71^0, die dem Bw Nürnberg Hbf zugewiesen wurden. Dorthin wurden auch die beiden Baumuster verfügt, die zuvor in Diensten des Bw Bamberg standen.

Die Baureihen 710 und 890 besaßen als einzige regelspurige Einheitslokomotiven einen Blechrahmen. 71 001 mit P 378 in den 1930er-Jahren bei Steinbach/Wald durch den Franken-wald.

Der Achsstand Baureihe 710 betrug 8.400 mm: 71 001 mit P 379 bei Lauenstein in Franken.

Baureihe 80

Im Rangierdienst setzte die Deutsche Reichsbahn-Gesellschaft (DRG) meist ältere Maschinen ein, die im Streckendienst nicht mehr benötigt wurden. Dies erwies sich jedoch langfristig als unwirtschaftlich. Deshalb nahm die DRG in ihr Einheitsloksprogramm auch eine Typenserie für Rangierlokomotiven auf. Die kleinste Maschine dieser Reihe war die Baureihe 80. Die Vorarbeiten für die kleinen Ch2-Tenderloks waren bereits 1927 abgeschlossen. Schon Ende 1928 stellte die DRG die ersten Maschinen in Dienst. Insgesamt 39 Maschinen wurden bis 1929 gebaut. Die zunächst in Leipzig und Köln eingesetzten 80er geizten nicht mit Leistung: Sie konnten mühelos 900 Tonnen mit 45 km/h in der Ebene bewältigen. Bei den obligatorischen Versuchsfahrten überzeugte die Baureihe 80 durch einen geringen Brennstoff- und Dampfverbrauch, einen sehr guten Kesselwirkungsgrad sowie durch ihre hohe Zugkraft und Leistung. Einzig die Laufeigenschaften vermochten nicht völlig zu überzeugen. Bis etwa 40 km/h war der Lauf der Baureihe 80 angesichts der kleinen Kuppelräder in Ordnung. Bei höheren Geschwindigkeiten neigte der Dreikuppler aufgrund seiner großen Überhänge zu Schlinger- und Nickbewegungen. Daher wurde die Maschine von manchen Personalen spöttisch auch als »Schaukelpferd« bezeichnet.

Die Baureihe 80 war für den leichten bis mittleren Rangierdienst bestimmt. 80 038 kam nach ihrer Indienststellung zum Bw Schweinfurt, wo Mitte der 1930er-Jahre diese Aufnahme entstand.

Baureihe 81

Neben der Baureihe 80 entwickelte die Deutsche Reichsbahn-Gesellschaft (DRG) für den schweren Rangierdienst die vierfachgekuppelten Maschinen der Baureihe 81. Diese Gattung basierte auf der Baureihe 80 und besaß zahlreiche baugleiche Teile.

Die von der DRG bestellten zehn Maschinen lieferte die Hanomag im Sommer 1928 ab. Die Versuchsfahrten belegten, dass die Baureihe 81 neben einer sehr guten Leistung und Zugkraft günstige Verbrauchswerte und einen ausgezeichneten Kesselwirkungsgrad besaß. Doch der große Erfolg blieb der Baureihe 81 verwehrt. Da Geld für den Kauf neuer Loks knapp war, verzichtete die DRG zunächst auf die Beschaf-

fung weiterer Loks. Ende der 1930er-Jahre änderte sich dies: Der 1939 vom RZA beschlossene Beschaffungsplan umfasste 120 Exemplare der Dh2-Tenderlok. Allerdings musste das RZA die Aufträge im Januar 1941 stornieren, da die Reichsbahn jetzt nur noch Güterzugloks der Baureihen 44, 50 und 86 beschaffte.

Die DRG wies 1928 jeweils fünf Maschinen der Baureihe 81 den Bahnbetriebswerken Goslar (Lokbf Vienenburg) und Oldenburg Hbf zu. 1935 gelangten die Goslarer Loks zum Bw Regensburg und von dort über Hof zur RBD Münster, die die Loks 1944 im Bw Oldenburg Hbf konzentrierte.

81 001 war von 1928 bis 1935 im Bw Goslar stationiert. Der Baureihe 81 oblag in erster Linie der Rangierdienst im Bahnhof Vienenburg, wo am 2. Juli 1932 diese Aufnahme entstand.

Baureihe 84

Anfang der 1930er-Jahre hatte die 41,54 km lange 750 mm-Schmalspurbahn Heidenau–Altenberg ihre Leistungsgrenze erreicht. Deshalb beantragte die RBD Dresden 1934 den Umbau der Nebenbahn auf Regelspur, dem die HV der DRG zustimmte. Für die durchgehenden Reisezüge zwischen Dresden und dem Wintersportort Altenberg benötigte man wegen der engen Radien und starken Steigungen eine besondere Tenderlok. Von den schließlich eingereichten Vorschlägen der Hersteller erfüllten lediglich die Konstruktionen der Berliner Maschinenbau AG (BMAG), vormals Louis Schwartzkopff, und der Firma Orenstein & Koppel (O & K) die Vorgaben des RZA. BMAG schlug eine Dreizylinder-Tenderlok mit Schwartzkopff-Eckhardt-Lenkgestellen vor.

Dagegen empfahl O & K eine Zweizylinderlok mit Luttermöller-Antrieben für die erste und fünfte Kuppelachse.

Nach Prüfung der Entwürfe bestellte das RZA von beiden Varianten jeweils zwei Baumuster, die bis Ende 1936 geliefert wurden. Bei den Versuchsfahrten überzeugten beide Bauarten durch eine hohe Leistung und Zugkraft

Die Baureihe 84 wurde eigens für den Einsatz auf der als »Müglitztalbahn« bezeichneten Strecke Heidenau–Altenberg konstruiert.

84 003 und 84 004 besaßen im Gegensatz zu den anderen Maschinen der Baureihe 84 ein Zweizylinder-Triebwerk, Luttermöller-Achsen und nur einen Sandkasten auf dem Kesselscheitel. 84 004 wartete 1939 im Bw Dresden-Friedrichstadt auf den nächsten Einsatz.

Die Serienloks 84 005–84 012 unterschieden sich u.a. durch den auf 16 kp/cm2 verringerten Kesseldruck von den vier Baumustern. Die großen seitlichen Wasserkästen ließen nur wenig Platz für Arbeiten am Innentriebwerk.

sowie sehr gute Laufeigenschaften. Wegen der hohen Reibungsverluste des Luttermöller-Antriebs entschied man sich schließlich für die Beschaffung einer 1´E 1 h3-Tenderlok mit Schwartzkopff-Eckhardt-Lenkgestell und gab bei der BMAG Ende 1936 weitere acht Maschinen der Baureihe 84 in Auftrag. Mit Aufnahme des durchgehenden Verkehrs zwischen Heidenau und Altenberg stellte die Baureihe 84 ihre Leistungsfähigkeit eindrucksvoll unter Beweis. Doch bei den Lokpersonalen und den Werkstätteneisenbahnern war die Type geradezu gefürchtet, denn die Instandhaltung der Baureihe 84 war aufwändig und ungewöhnlich teuer.

84 001 stand 1939 im Bw Dresden-Friedrichstadt.

Baureihe 85

Ende der 20er-Jahre wollte die DRG den kostenintensiven und aufwändigen Zahnradbetrieb auf der Höllentalbahn zwischen Hirschsprung und Hinterzarten auf Reibungsbetrieb umstellen. Für dieses ehrgeizige Unterfangen fehlten aber Maschinen. Aus diesem Grund gab die DRG eine neue fünffachgekuppelte Tendermaschine mit 20 Tonnen Achslast im Rahmen des Einheitslok-Programms in Auftrag. Bei der neuen Type griffen die Ingenieure auf das Baukastensystem der Einheitsloks zurück. So war die Konstruktion der Baureihe 85 innerhalb kürzester Zeit abgeschlossen.

Bereits 1932 lieferte die Firma Henschel & Sohn die erste Lok. Bis 1933 stellte die RBD Karlsruhe insgesamt zehn Exemplare der Baureihe 85 in Dienst. Bei den Versuchs- und Messfahrten erwies sich die Baureihe 85 als eine gelungene Konstruktion, die das geforderte Leistungsprogramm anstandslos erfüllte.

Die RBD Karlsruhe stationierte die Baureihe 85 im Lokbahnhof Neustadt (Schwarzwald). Auch nach der Aufnahme der elektrischen Zugförderung auf der Höllentalbahn am 18. Juni 1936 hatte die Baureihe 85 noch lange nicht ausgedient. Als

genügend Elektroloks zur Verfügung standen, fanden einige Maschinen auf der Schwarzwaldbahn ein neues Betätigungsfeld. Während des Zweiten Weltkrieges halfen einzelne Maschine auch auf der Geislinger Steige als Schiebeloks aus.

Für den Einsatz auf der Höllentalbahn entwickelte die DRG *die schweren Tenderloks der Baureihe 85. Die Aufnahme zeigt 85 010 am 23. Juli 1934.*

Am 24. Juli 1934 fährt 85 009 mit dem Eilzug Freiburg–Ulm in den Bahnhof Posthalde ein. Bei der Baureihe 85 nutzten die Ingenieure Baugruppen vorhandener Einheitsloks. So stammte der Kessel von der Baureihe 62 und das Triebwerk von der Baureihe 44.

Im Juli 1935 war 86 013 im Rangierdienst in Leipzig Hbf eingestzt. Erst 1973 wurde die Lok im Bw Aue (Sachsen) abgestellt.

Baureihe 86

Die Baureihe 86 gehört wie die Baureihen 24 und 64 zu den Nebenbahnlokomotiven des Einheitslok-Programms der DRG. Ihr eigentliches Aufgabengebiet sollte der schwere Güterzug- und Reisezugdienst auf Nebenstrecken mit größeren Steigungen sein. Aus diesem Grund erhielt sie kleinere Kuppelräder und die Achsfolge 1´D1´. Ansonsten stimmte die Baureihe 86 aber in zahlreichen Bauteilen mit den Baureihen 24 und 64 überein.

Die Maschinenbau-Gesellschaft Karlsruhe lieferte 1928 die ersten sieben Maschinen aus, die noch eine Riggenbach-Gegendruckbremse besaßen. Bei den Messfahrten überzeugte die Maschine durch ihre Zugkraft und Leistung. Die Beschaffung der Baureihe 86 endete nach vorerst 377 Exemplaren im September 1939. Dies änderte sich mit dem 1940 beschlossenen neuen Beschaffungsprogramm, das u.a. auch die Indienststellung von 600 Loks der Baureihe 86 bis 1942 vorsah. Im Hinblick auf eine schnellere und billigere Produktion wurde

Die Baureihe 86 war ursprünglich für den Güterverkehr auf Nebenbahnen konzipiert. 86 013 gehörte nach ihrer Abnahme am 3. September 1928 zum Bw Engelsdorf, wo auch diese Aufnahme entstand.

jedoch die Konstruktion der Baureihe 86 vereinfacht. In cen Jahren 1941/42 stellte die DR 263 Maschinen der Baurehe 86 in Dienst. Das Ministerium für Bewaffnung und Munit on ordnete im April 1942 das Ende der Serienfertigung der Baureihe 86 an. Lediglich die bereits angefangenen Maschiren wurden fertig gestellt. Bis 1943 wurden insgesamt 774 Lokomotiven der Baureihe 86 gebaut.

86 244 mit einem Personenzug: Auch auf der Müglitztalbahn von Heidenau nach Altenberg kam die Nebenbahnlok zum Einsatz.

Klassischer Nebenbahndienst: 86 254 bringt am 9. Juni 1939 P 668 von Oberstdorf nach Kempten. Die Aufnahme gelang bei Seifen (Allgäu).

86 004 war im Mai 1937 mit dem P 3320 in der Eifel bei Daum unterwegs.

Im März 1934 erwartet in Bechau mit dem P 3425 Beucha–Brandis die Abfahrt.

86 201 verlässt am 19. Mai 1935 mit dem P 1073 den Bahnhof Dahlerau.

Baureihe 87

Die Strecken der Hamburger Hafenbahn stellten die zuständige RBD Altona in den 1920er-Jahren vor erhebliche Probleme. Aufgrund der engen Platzverhältnisse gab es vor allem im Bereich des Güterbahnhofs Hamburg Süd und den hier angrenzenden Anschlussgleisen Kurven, deren Radien teilweise nur 100 m betrugen. Angesichts des stetig steigenden Frachtaufkommens musste die RBD Altona die hier eingesetzten Maschinen der Baureihe 8970–76 (ex preußische T 3) durch stärkere Gattungen ersetzen. Aus diesem Grund meldete die RBD Altona 1924 Bedarf an einer leistungsfähigen Rangierlok an.

Bei der Konstruktion der als Baureihe 87 bezeichneten Eh2t-Maschine konnten die Ingenieure auf zahlreiche Teile der bereits vorhandenen Konstruktionen für die Baureihen 01, 80 und 81 zurückgreifen. Aufwendig war das Triebwerk konstruiert: Angesichts der engen Radien entschieden sich die Ingenieure bei der Baureihe 87 für zahnradgekuppelte Endachsen der Bauart Luttermöller. Lediglich die drei mittleren Achsen waren durch Treibstangen miteinander verbunden. Ein Zahnradgetriebe übertrug das Drehmoment auf die erste und fünfte Kuppelachse.

Im Herbst 1926 bestellte die DRG schließlich die ersten acht Maschinen der Baureihe 87 bei O & K. Bis zum Januar 1929 stellte die RBD Altona insgesamt 16 Maschinen in Dienst, die alle im Bw Wilhelmsburg (ab 01.04.1937: Hamburg-Wilhelmsburg) stationiert waren. Für mehr als zwei Jahrzehnte prägte die Baureihe 87 nun den Rangier- und Verschubdienst auf den Hafenanlagen links der Elbe zwischen Hamburg-Wilhelmsburg und Hamburg Süd.

Trotz strikter Normierung und Typisierung des Einheitslok-Programms wurden Fahrzeuge für spezielle Einsatzgebiete entwickelt, wie die Baureihe 87 für die Hamburger Hafenbahn. Im Frühjahr 1928 stand die fabrikneue 87 008 im Bw Wilhelmsburg.

Baureihe 89⁰

Obwohl sich die Baureihen 80 und 81 sehr gut bewährt hatten, stand 1931 bei der DRG erneut die Beschaffung einer neuen Rangierloks zur Diskussion, die mit einer Achslast von 15 Tonnen deutlich leichter sein sollte. Zudem gab es Stimmen, die meinten, eine Nassdampflok könne im Rangierdienst aufgrund der vielen Stillstandszeiten wirtschaftlicher sein als eine Heißdampfmaschine. Deshalb gab die DRG bei der BMAG die Nassdampfloks 89 001–003 und bei Henschel die Heißdampfloks 89 004–006 in Auftrag.

Konstruktiv unterschieden sich die Dreikuppler erheblich von den bisher entwickelten Einheitsloks. Als erste regelspurige Maschinen besaßen sie einen geschweißten Blechrahmen und einen zwischen den Rahmenwangen eingehängten Wasserkasten. Anfang 1935 lieferte die BMAG die Nassdampfloks

aus. Etwa zeitgleich übergab Henschel die Heißdampfmaschinen an die DRG.

Während 89 001 und 89 004 von der LVA Grunewald gründlich messtechnisch untersucht wurden, erprobte das Bw Anhalter Bf die anderen vier Maschinen für gut ein Jahr im Rangierdienst. Die Ergebnisse waren eindeutig: Die Heißdampflok war deutlich leistungsfähiger und wirtschaftlicher als die Nassdampfmaschine.

Allerdings konnte die DRG aufgrund der knappen Finanzen zunächst keine weiteren Exemplare der Baureihe 890 beschaffen. Erst im Januar 1938 lieferte Henschel vier weitere Heißdampfloks. Der ein Jahr später vorgelegte Beschaffungsplan sah schließlich 120 Exemplare der Ch2-Tenderlok vor. Der Zweite Weltkrieg verhinderte jedoch deren Fertigung.

Bevor die BMAG 89 002 an die DRG übergab, entstand im Januar 1935 vor dem Verwaltungsgebäude in Wildau diese Werksaufnahme. Nach dem Zweiten Weltkrieg wurde die Lok von der SMAD als Reparationsleistung beschlagnahmt. Dieses Schicksal ereilte auch die BMAG, deren gesamte Werkanlagen demontiert wurden.

Baureihe 99²²

Nach dem die RBD Dresden für ihre 750 mm-Schmalspurbahnen eine moderne Einheitslok erhalten hatte, meldete Ende der 20er-Jahre die RBD Erfurt Bedarf an einer Einheitsmaschine für 1000 mm Spurweite an. Das Reichsbahn-Zentralamt gab den Wünschen nach und beauftragte die BMAG mit der Entwicklung einer 1´E1´h2-Tenderlok, die auch auf den Meterspurstrecken in Bayern, Baden und Württemberg eingesetzt werden konnte.

Die Entwicklung der neuen Baureihe erfolgte unter der Federführung der Berliner Maschinenbau AG (BMAG), vormals Louis Schwartzkopff. Die Ingenieure konnten für die Baureihe 9922 auf einige Baugruppen und Komponenten der Baureihe 9973 sowie der Typenreihe für den Nebenbahn- und Rangierdienst zurückgreifen. Bereits 1931 lieferte die BMAG die drei Maschinen der Baureihe 9922 aus. Zu diesem Zeitpunkt war die Baureihe 9922 die stärkste deutsche Schmalspur-Dampflok. Die drei Maschinen bildeten fortan das Rückgrat in der Zugförderung auf der Strecke Eisfeld–Unterneubrunn. Die RBD Erfurt musste jedoch im Sommer 1944 die 99 221 und 99 223 an die deutsche Wehrmacht abgeben, die die Loks nach Norwegen verbrachte. Lediglich die 99 222 verblieb in ihrer alten Heimat und ist bis heute bei den Harzer Schmalspurbahnen GmbH im Einsatz.

99 223 stand im Sommer 1933 im Bahnhof Eisfeld. Lokführer Edwin Burkhardt und Heizer Ernst Hass brachten die Maschine für den Fotografen in die richtige Position.

Federführend bei der Entwicklung der Baureihe 9922 war die Berliner Maschinenbau AG, vormals Louis Schwartzkopff. Dort entstand kurz vor der Auslieferung dieses Foto von 99 221.

Baureihe 99⁷³⁻⁷⁶

Die RBD Dresden betrieb in der zweiten Hälfte der 1920er-Jahre mehrere Schmalspurbahnen in Sachsen mit einer Streckenlänge von fast 540 km. Mitte der 20er-Jahre benötigte die RBD Dresden für ihre Schmalspurstrecken eine moderne Dampflok. So beantragte die RBD Dresden beim Reichsbahn-Zentralamt den Bau einer modernen Einheitslok für 750 mm Spurweite. Mit der Entwicklung der Baureihe 99⁷³⁻⁷⁶ wurde die Sächsische Maschinenfabrik (SMF), vormals Richard Hartmann, in Chemnitz beauftragt, die 1928 auch die ersten Exemplare lieferte.

Die 1´E1´-Maschinen waren bei ihrer Indienststellung die stärksten deutschen Schmalspur-Dampfloks. Von Beginn an überzeugte die Baureihe 99⁷³⁻⁷⁶, die die Eisenbahner in Anlehnung an das sächsische Bezeichnungsschema als »VII K« bezeichneten, durch ihr Leistungsvermögen.

Bis Ende 1929 beschaffte die RBD Dresden zunächst 20 Maschinen. Doch damit war der Bedarf noch lange nicht gedeckt. Das RZA bewilligte ein zweites Baulos, das zwölf Exemplare umfasste und in einigen Details konstruktiv überarbeitet wurde.

Auf der Schmalspurbahn Wilischthal–Thum dampft 99 758 mit P 3910 bei Ehrenfriedersdorf über die 750-mm-Gleise

Wie man die Dampfkraft voran bringen wollte

Die erfolgreichen Rekordfahrten mit elektrischen Fahrzeugen am Anfang des 20. Jahrhunderts setzten auch die Dampflok-Konstrukteure unter Druck, die Geschwindigkeiten der dampfgetriebenen Triebfahrzeuge zu erhöhen.

Zukunft der Dampfloktechnik: Selbst für die genügsame preußische P 8 gab es den Plan, die Lok mit einem Turbinenantrieb zu versehen (vgl. Seite 135): die umgebaute T 38 3256.

Innovationen und Versuche

Immer wieder versuchten die Ingenieure, mit neuen Konstruktionsideen die Leistung der Dampflokomotiven zu erhöhen. Zwei Ziele standen dabei meist im Mittelpunkt: eine bessere Wirtschaftlichkeit und höhere Geschwindigkeiten. Doch nicht alle Ideen waren bei der Umsetzung von Erfolg gekrönt. Während beispielsweise die Heißdampftechnik zunächst nur zögerlich eingesetzt wurde, sich aber dann aufgrund ihrer gro-

ßen Wirtschaftlichkeit – mehr Leistung bei einem geringeren Brennstoffverbrauch – mehr oder weniger auf ganzer Linie durchsetzte, gab es aber auch zahlreiche Flops. Da Letztere aber zweifelsohne eine Innovation darstellten und auch und gerade das Scheitern zum Fortschritt gehört, sollen sie im Folgenden vorgestellt werden.

Nassdampf und Frontführerstand: S 9 »Altona 561« und »Altona 562«

Im Jahr 1901 hatten AEG und Siemens & Halske auf der Militärbahn zwischen Marienfelde und Zossen mit elektrischen Schnelltriebwagen erfolgreiche Schnellfahrversuche unternommen. Bei diesen Fahrten erreichten die mit Drehstrom angetriebenen Fahrzeuge bis zu 210 km/h.

Dieser große Erfolg – immerhin ein Weltrekord, der die Leistungsfähigkeit der elektrischen Traktion bewies – forderte die Dampflok-Ingenieure heraus. Sie mussten beweisen, dass auch die Dampflok hohe Geschwindigkeiten erreichen konnte. Deshalb orderte das Preußische Ministerium der öffentlichen Arbeiten bei der Firma Henschel & Sohn in Kassel zwei Versuchsloks für die Preußische Staatsbahn. Die Grundlage für ihre Konstruktion lieferte ein Entwurf des Oberingenieurs Michael Kuhn für eine 2'B2'h3v-Schlepptenderlokomotive aus dem Jahr 1902. Unter maßgeblicher Mitwirkung des Geheimen Baurats Gustav Wittfeld wurde die Konstruktion überarbeitet und das Dreizylinder-Verbundtriebwerk vom eigentlich vorgesehenen Heiß- auf Nassdampf umgestellt.

Äußerlich unterschieden sich die beiden im Frühjahr 1904 gelieferten Maschinen stark voneinander:

Die verkleidete »Altona 561« mit Frontführerstand vor den Versuchsfahrten

S 9 »Altona 561«: Diese Maschine war vom Laufblech an aufwärts einschließlich Tender vollständig verkleidet und besaß einen zweiten Führerstand vor der Rauchkammer mit einer dem Zeitgeist entsprechenden »windschnittigen Verkleidung«.

S 9 »Altona 562«: Diese Lok erhielt keine vollständige Verkleidung, sondern nur verkleideten zweiten Führerstand vor der Rauchkammer.

Die technische Ausrüstung beider Maschinen war ansonsten identisch. Der Kesseldruck lag bei 14 atü, die Rostfläche hatte eine Größe von 4,39 m² und die Heizfläche betrug rund 260 m².

Ohne Verkleidung gelangte »Altona 561« in den Betriebseinsatz.

Beim Dreizylinder-Nassdampfverbundtriebwerk wirkten die Außenzylinder auf den zweiten, der Innenzylinder auf den ersten Kuppelradsatz. Die Treibräder hatten den außergewöhnlich großen Durchmesser von 2.200 mm.

Bei den im Jahr 1904 unternommenen Schnellfahrversuchen überzeugte »Altona 561« nicht. Das lag vornehmlich am Dreizylinder-Verbundtriebwerk, dessen Zylinderdurchmesser sich mit 524 mm für die riesigen Treibräder der S 9 als zu klein erwiesen. Außerdem sorgte die zunächst gewählte Kurbelstellung für unruhige Laufeigenschaften bei höheren Geschwindigkeiten. Das Ziel war eine Höchstgeschwindigkeit von 150 km/h gewesen, doch bei den ersten Schnellfahrversuchen zwischen Marienfelde und Zossen gelangte »Altona 561« mit einer Last von 221 t nicht über 128 km/h hinaus. Ein besseres Ergebnis erzielte die Lok mit einer geringeren Zuglast von 109 t. Doch 137 km/h lagen 13 km/h unter gewünschten Zielmarke. Nach diesen enttäuschenden Ergebnissen übergab man beide Versuchsloks an den normalen Betriebsdienst. Dafür wurden sie Ihrer zweiten Führerstände beraubt und »Altona 561« verlor ihre Verkleidung. Bald nach Ende des Ersten Weltkriegs wurden sie abgestellt und ausgemustert.

Als »1000 Hannover« wurde die entkleidete »Altona 562« später eingesetzt.

»*Altona* 562« war nur teilweise verkleidet, besaß aber ebenfalls einen Frontführerstand.

Verkleidete Tenderlok: T 16 Bauart Vierzylinder-Verbund

Versuchslok »Altona 561« der Gattung S 9 stand vermutlich auch Pate für diese Tenderlok mit zwei Führerständen, die von der Firma Henschel & Sohn in Eigenregie gefertigt worden war und auf der Weltausstellung 1904 in St. Louis präsentiert werden sollte. Nichtsdestoweniger suchte Henschel ebenso nach einem Abnehmer für die neue Maschine, der in der KED Erfurt gefunden schien. Diese suchte nach einer leistungsstarken Lok für den Schnellzugverkehr auf der 92 Kilometer langen Strecke Erfurt – Meiningen mit ihren längeren Steigungsabschnitten. Einzige Voraussetzung: Die mittlere Radsatzfahrmasse der Lok durfte 16 t nicht übersteigen. Die moderne Konstruktion war mit einem großen Kessel

und mit einer 2.100 mm langen Rauchkammer ausgerüstet. Der Rost war 4,1 m² groß und auf dem vorderen Drehgestell vor der Rauchkammer erhielt die Maschine einen Frontführerstand. Außerdem bauten die Ingenieure einen dreireihigen Rauchrohrüberhitzer Bauart Schmidt sowie ein Vierzylinder-Verbundtriebwerk der Bauart de Glehn ein. Dies wirkte sich alles auch das Gewicht aus, sodass die Lok statt der geplanten 108 t insgesamt 123 t wog. Das entsprach einer maximalen Radsatzfahrmasse von 20 t. Damit war die Lok für den Einsatz der KED Erfurt zu schwer.

Die nun als T 16 bezeichnete Lok wurde nicht übernommen und absolvierte nur einige Versuchsfahrten.

Zu schwer für den Einsatz bei der Preußischen Staatsbahn geriet die Versuchslok, die Henschel & Sohn 1904 auf der Weltausstellung in St. Louis präsentierte.

Trotz ihres Hochdruck-kessels und diverser Umbauten am Trieb-werk erreichte H 17 206 nur die Leistung der Baureihe 03.

Hoch- und Mitteldruckloks der Deutschen Reichsbahn

Die DRG suchte seit Mitte der 1920-Jahre nach Möglichkeiten, die Wirtschaftlichkeit ihrer Dampfloks zu verbessern. Als eine Option in dieser Richtung galt die Anhebung des zulässigen Kesseldrucks bei gleichzeitiger Verwendung eines Verbundtriebwerks. Die Ingenieure der Reichsbahn und der Industrie versprachen sich davon eine deutliche Steigerung der Leistung bei gleichzeitiger Senkung des Dampf- und Kohleverbrauchs. Für Versuchszwecke wurden schließlich die so genannten »Mitteldruckloks« entwickelt. Dazu gehörten neben den beiden Loks der Baureihe 04 (ab 1935: Baureihe 021), auch zwei Maschinen der Baureihe 24 (siehe S. 94) und 44 (siehe S. 99).

Doch am Beginn dieser Umbauten stand keine Einheitslok, sondern eine preußische Schnellzuglok:

Baureihe 17²

Wie zuvor erwähnt, sollte die Wirtschaftlichkeit der Dampflokomotiven verbessert werden, indem man den Kesseldruck deutlich erhöhte und den Dampf in Verbundtriebwerken entspannte. Die Schmidtsche Heißdampf-Gesellschaft schlug in Zusammenarbeit mit der Lokfabrik Henschel der DRG den Bau einer Versuchsmaschine mit 60 kp/cm² Kesseldruck vor. Die Bahn stimmte dem Vorhaben zu und stellte zum Umbau

die 17 206 zur Verfügung. Die Firma Henschel rüstete die Lok schließlich entsprechend um. Der Umbau betraf nicht nur den Kessel: Auch die Armaturen, der Innenzylinder sowie das Lauf- und Triebwerk mussten geändert werden. Die nun als H 17 206 bezeichnete Lok wurde auf der Verkehrsausstellung 1925 in München präsentiert. Die Maschine sollte dabei den idealen Mittelweg zwischen möglichst hohem Kesseldruck und vertretbarem Aufwand darstellen.

Die errechnete indizierte Leistung von rund 2.000 PSi blieb jedoch eine Illusion, wie die 1927/28 durchgeführten Messfahrten der Lokomotiv-Versuchsabteilung (LVA) Grunewald zeigten. Die Leistung der H 17 206 lag nur zwischen der der S 10² und der Baureihe 03. Der geringere Verbrauch von Wasser und Kohle rechtfertigten jedoch weder die Umbau- noch die Unterhaltungskosten. Aus diesem Gründen ließ die DRG die H 17 206 im Jahr 1937 wieder in eine herkömmliche S 10² umbauen.

Anders sah es bei den zu Mitteldruckloks umgebauten 17 236 und 17 239 aus. Mit ihrem für 25 kp/cm² zugelassenen Kessel und ihrem Verbundtriebwerk erreichten die Maschinen Leistungen, die denen der 03 ebenbürtig waren und das bei deutlich geringerem Verbrauch. Allerdings ging diese Mehrleistung einher mit einem deutlich höheren Verschleiß des Triebwerks. Nach mehreren Kesselschäden wurden die Loks

Die fabrikneue 04 001 wurde 1932 von der LVA Grunewald gründlich messtechnisch untersucht. Ungewöhnlich dabei ist der Einsatz der Maschine im so genannten »Fotografieranstrich«.

in den 1930er-Jahren wieder zurückgebaut und schließlich 1948 ausgemustert.

Baureihe 04 (ab 1935: Baureihe 02[1])

Den Auftrag zur Entwicklung der beiden Schnellzugloks der Baureihe 04 übernahm die Friedrich Krupp AG. Als Grundlage diente die Baureihe 03. Bereits 1932 lieferte Krupp die beiden als 04 001 und 04 002 bezeichneten Maschinen ab. Kernstück der Mitteldruckloks war ihr für einen Betriebsdruck von 25 kp/cm² zugelassener Dampferzeuger. Um Erfahrungen mit verschiedenen Baustoffen zu gewinnen, erhielt 04 001 einen Kessel aus Kupfer-Mangan-Stahl, dessen Heiz- und Rauchrohre 5.800 mm lang waren. Der Dampferzeuger der 04 002 bestand aus Chrom-Molybdän-Stahl und hatte eine Rohrlänge von 6.800 mm. Zur Vergrößerung der Strahlungsheizfläche besaßen beide Kessel Wasserkammern.

Nach ihrer Indienststellung kamen die Loks zur LVA Grunewald, die die Maschinen gründlich messtechnisch unter-

suchte. Allerdings mussten die Loks nach relativ kurzer Zeit wegen Undichtigkeiten abgestellt werden. Erst nach dem Ausbau der Wasserkammern und weiteren Änderungen u.a. am Triebwerk, die eine Anhebung der Höchstgeschwindigkeit auf 140 km/h ermöglichten, konnte die LVA Grunewald das Versuchsprogramm fortsetzen. Die Ergebnisse verblüfften die Fachwelt: Während 04 001 nicht an die Leistung der Baureihe 03 heranreichte, lag 04 002 bereits im Leistungsbereich der Baureihe 01 und verbrauchte darüber hinaus deutlich weniger Dampf. Bei Versuchen mit einem Kesseldruck von 16 und 17 kp/cm² verloren die Maschinen nur unwesentlich an Leistung. Der Dampf-Mehrverbrauch betrug weniger als 10 %. Dies unterstrich die Güte des sorgfältig konstruierten Verbund-Triebwerks.

Aufgrund ihrer Leistungsfähigkeit zeichnete die DRG die beiden Loks 1935 zur Baureihe 02[1] um. 02 101 wurde 1935 auf der Fahrzeugausstellung anlässlich des Jubiläums »100 Jahre Eisenbahn in Deutschland« in Nürnberg ausgestellt. Anschließend wurde die Maschine zum Bw Altona umgesetzt, wo bereits 02 102 Dienst tat. Doch dort erfreuten die beiden Mitteldruckmaschinen bei den Personalen keiner Beliebtheit und wurden daher nur selten eingesetzt. Aus diesem Grund verfügte das RZA am 6. Mai 1936 die Umsetzung der Maschinen zum Bw Hof.

Dort wurden sie gemeinsam mit den Baureihen 01 und 02 meist vor Schnellzügen auf der Strecke Regensburg–Leipzig eingesetzt. Allerdings traten immer wieder Schäden an den Kesseln auf. Aufgrund des hohen Drucks rissen häufig die Stehbolzen in den oberen Reihen ab. Zudem war der Unterhaltungsaufwand für die Maschinen höher. Damit wurden die wärmewirtschaftlichen Vorteile völlig aufgezehrt und die Mitteldruckloks blieben ein Versuch. Aus Sicherheitsgründen verringerte die DRG sogar den Betriebsdruck der Kessel später auf 20 kp/cm^2. Der Einsatz der Baureihe 021 endete abrupt im Frühjahr 1939 mit einer Katastrophe: Am 3. April 1939 explodierte südlich von Weiden, in der Nähe von Rotherstadt (Oberpfalz) der Kessel der 02 101 aufgrund von Wassermangel. Das Personal kam dabei ums Leben. Wenig später wurde 02 102 aus dem Verkehr gezogen und bis 1940 verschrottet.

Mitteldruckloks der Baureihe 24: 24 069 und 24 070

Die 1932/33 in Dienst gestellten 24 069 und 24 070 nahmen eine Sonderrolle unter den als »Steppenpferd« bekannten Einheitsloks der Baureihe 24 ein. Auch diese beiden Maschinen gehörten zu den so genannten »Mitteldruckloks« und besaßen einen für 25 kp/cm^2 zugelassenen Kessel. Die von den BLW gebauten Maschinen hatten unterschiedliche Triebwerke. Während 24 069 mit einem Zweizylinderverbund-

Lokführerseite 24 069 im Fotografieranstrich

Heizerseite 24 069 im Fotografieranstrich

Mitteldrucklok 24 070 im Lokschuppen. Sie besaß Gleichstromzylinder der Bauart Wagner.

Im Betriebseinsatz hatte 24 069 keinen großen Erfolg und wurde später in die Serienausführung zurückgebaut.

Triebwerk ausgerüstet war, erhielt 24 070 Gleichstromzylinder der Bauart Wagner. Letztere erwiesen sich jedoch als Fehlkonstruktion: 24 070 verbrauchte deutlich mehr Dampf als die Regelausführung und wurde daher 1935 analog zu 24 069 in eine Zweizylinderverbund-Maschine umgebaut. 24 069 erwies sich bei den Versuchen der LVA als äußerst leistungsfähig. Darüber hinaus galt sie im Verbrauch als sparsamste deutsche Kolbendampflok. Die hohen Instandhaltungskosten für den Kessel machten diesen Vorteil aber wieder zunichte. Erst 1952 wurden 24 069 und 24 070 der Regelausführung angepasst.

Mitteldruckloks der Baureihe 44: 44 011 und 44 012

Zu den ab 1932 versuchsweise beschafften »Mitteldrucklokomotiven« gehörten auch 44 011 und 44 012. Die 1933 von Henschel gebauten Maschinen unterschieden sich in erster Linie durch ihr Vierzylinder-Verbundtriebwerk und den für 25 kp/cm² zugelassenen Kessel von den anderen Maschinen. Die LVA Grunewald musste die Versuchsfahrten immer wieder wegen teilweise schwerer Kesselschäden unterbrechen. Gleichwohl waren die Messergebnisse beachtlich: Die höchste indizierte Leistung lag bei über 2.500 PSi. Dabei zeichneten sich die Maschinen durch einen äußerst geringen Dampf- und Kohleverbrauch aus. Doch diese Vorteile konnten die technischen Probleme und die hohen Instandhaltungskosten – vor allem für die Kessel – nicht aufwiegen. 44 011 und 44 012 blieben daher Einzelstücke, die später längere Zeit in Würzburg und Offenburg stationiert waren. 44 011 gelangte nach dem Zweiten Weltkrieg zur DB, wo sie 1960 ausgemustert wurde. 44 012 verblieb in der SBZ und unterstand ab 15. August 1950 der Fahrzeug-Versuchsanstalt (FVA) Halle (Saale). Hier diente sie als Bremslok, bevor sie 1958 abgestellt werden musste.

44 011 und 44 012 waren so genannte »Mitteldruckloks«. Sie besaßen Kessel mit einem Betriebsdruck von 25 kp/cm2 und ein Vierzylinderverbund-Triebwerk. 44 012 verblieb 1945 bei der DR, wo sie 1958 abgestellt wurde.

Turbinenloks

Anfang der 1920er-Jahre beschäftigten sich einige deutsche Lokomotiv-Hersteller mit der Dampfturbine. Gegenüber der herkömmlichen Kolbendampfmaschine besaß die Dampfturbine deutlich Vorteile, wie z. B. das gleichförmige Drehmoment, weniger Probleme mit dem Massenausgleich und geringere dynamische Belastungen für den Oberbau. Die Deutsche Reichsbahn-Gesellschaft (DRG) setzte versuchsweise zwei Turbinenloks ein.

Baureihe T 18[10]

T 18 1001: In Anlehnung an die Turbinenlok 1801 der Schweizer Bundesbahnen (SBB) entwickelte 1923 die Firma Krupp die mit einer Zoelly-Turbine ausgerüstet T 18 1001. Die Dampfturbine saß zwischen Rauchkammer und Drehgestell. Die sechsstufige Vorwärtsturbine konnte Leistungen bis 2.000 PSe entwickeln, mit Zusatzdüse sogar 2.800 PSe. Für die Rückwärtsfahrt war die Lok mit einem dreistufigen Läufer ausgerüstet. Bei den Messfahrten der Lokomotiv-Versuchsabteilung (LVA) Grunewald bestach die Lok durch ihre sehr guten Verbrauchswerte. Anschließend setzte das Bw Hamm die Maschine im schweren Schnellzugdienst ein. Ein Bombentreffer beendete 1940 die Geschichte der T 18 1001.

Krupp lieferte T 18 1001 im Jahr 1923.

Bei der T 18 1001 saß das Antriebsaggregat über dem vorderen Drehgestell.

Der Tender der T 18 1001

T 18 1002: Die DRG beauftragte 1924 die Firma Maffei mit der Entwicklung einer zweiten Turbinenlok. Zunächst war eine Hochdruck-Kolbendampflok mit einer nachgeschalteten Niederdruckturbine vorgesehen. Allerdings lieferte Maffei 1926 schließlich eine Turbinenlok, bei der das Antriebsaggregat ebenfalls über dem vorderen Drehgestell saß. Bei den Versuchen der LVA Grunewald, war die T 18 1002 der Krupp-Zoelly-Lok aufgrund ihres höheren Verbrauchs unterlegen. Dennoch stellt die DRG die Maffei-Maschine 1929 in Dienst und setzte sie vom Bw München Hbf aus im Schnellzugdienst ein. Bei einem Bombenangriff wurde sie schwer beschädigt und 1943 ausgemustert.

Die T 18 1002 war die zweite Turbinenlok der Deutschen Reichsbahn.

Auch bei T 18 1002 saß das Antriebsaggregat über dem vorderen Drehgestell.

T 38 3255

Baureihe T 38$^{10-40}$ (Turbinentenderlok)

Die Firma Henschel schlug in Zusammenarbeit mit dem Schweizer Ingenieur Zoelly der DRG den Bau einer kombinierten Kolben-Turbolokomotive vor. Eine herkömmliche Kolbendampflok sollte mit einer nachgeschalteten Abdampfturbine ausgerüstet werden. Die DRG überließ der Firma Henschel zu diesem Zweck die 38 3255, die mit einem neu entwickelten Triebtender ausgerüstet wurde. Der Abdampf der Maschinen gelangte über eine Vakuumleitung in den Tender, wo eine Turbine angetrieben wurde. Über einen Kondensator und einen Rückkühler wurde der Abdampf dann zurückgewonnen. Der Antriebstender mit der Achsfolge 1B2´ besaß eine dreistufige Hauptturbine und eine Rückwärtsturbine. Der Umbau der nun als T 38 3255 bezeichneten Lok war im Herbst 1927 beendet. Allerdings zeigten sich bei den ersten Probefahrten einige Mängel, so dass die DRG die Lok erst 1928 messtechnisch untersuchen konnte. Die T 38 3255 war zwar deutlich stärker als die herkömmliche P 8, doch ihre Verbrauchswerte waren erst ab einer Leistung von 500 PSe besser. Allerdings war der Unterhaltungsaufwand für den Triebtender und die Vakuumleitung recht hoch, so dass die Maschine 1937 wieder zurückgebaut wurde.

Tenderrückseite der T 38 3255

Imposante Erscheinung: der Triebtender der T 38 3255

Die Firma Henschel hat der DRG den Bau einer kombinierten Kolben-Turbolokomotive vorgeschlagen.

Doch der Unterhaltungsaufwand für den Triebtender und die Vakuumleitung war zu hoch. Deshalb wurde die Maschine 1937 wieder zurückgebaut.

T 38 3255 entstand in Zusammenarbeit der Firma Henschel mit dem Schweizer Ingenieur Zoelly.

HENSCHEL 2602

Die Werbegraphiker der Firma Henschel nutzten die innovative Turbinenlok gerne für ein modernes Image.

Gut angekommen!

Gut angekommen!

Die Dampflok hat ihre Fahrgäste und Güter noch immer gut ans Ziel gebracht. Deshalb bestätigte man seine wohlbehaltene Ankunft mit solcher Postkarte, auf der sich die S 3/6 18 462 mächtig ins Zeug legt und in einer großen Dampfwolke fast vollständig verschwindet.

Seite 139: *Als erste deutsche Bahnverwaltung setzte die Badische Staatsbahn ab 1900 eine 1'C1'-Tenderlokomotive ein, welche die Gattungsbezeichnung »VI b« erhielt. Die ersten 15 Exemplare der VI b stellte 1900 Maffei her, weitere 116 Stück lieferte in mehreren Baulosen bis 1908 die Maschinenbau-Gesellschaft Karlsruhe (MBG). 1925 zeichnete die DRG 164 Lokomotiven in 75 101-302 um, wobei die Ordnungsnummern nicht fortlaufend vergeben wurden. Wann und wo die Aufnahme von 75 104 entstand ist nicht bekannt.*

Anhang

Abkürzungsverzeichnis

AEG	Allgemeine Elektrizitäts-Gesellschaft
Aw	Ausbesserungswerk
BD	Bundesbahndirektion
BLW	Borsig Lokomotiv-Werke GmbH
BMAG	Berliner Maschinenbau AG, vormals Louis Schwartzkopff
Bw	Bahnbetriebswerk
BZA	Bundesbahn-Zentralamt
DB	Deutsche Bundesbahn
DB AG	Deutsche Bahn AG
DIN	Deutsche Industrie-Norm
DLV	Deutsche Lokomotivbau-Vereinigung
DLW	Dampflokwerk Meiningen
DR	Deutsche Reichsbahn in der DDR
DRB	Deutsche Reichsbahn (1937–1945)
DRG	Deutsche Reichsbahn-Gesellschaft (1924–1937)
Est	Einsatzstelle
EZA	Eisenbahn-Zentralamt; ab 23. März 1927 Reichsbahn-Zentralamt (RZA)
FVA	Fahrzeug-Versuchsanstalt Halle (Saale)
GR	Generalreparatur
Hanomag	Hannoversche Maschinenbau AG, vormals Georg Eggestorff, Hannover-Linden
HAS	Hauptausschuss Schienenfahrzeuge
Henschel	Henschel & Sohn AG, Kassel; später: Henschel & Sohn GmbH
Hohenzollern	Hohenzollern AG für Lokomotivbau, Düsseldorf-Grafenberg
HSB	Harzer Schmalspurbahnen GmbH
HvM	Hauptverwaltung der Maschinenwirtschaft
HvRaw	Hauptverwaltung der Reichsbahnausbesserungswerke
ISV	Ilseder Schlackenverwertung
Jung	Lokomotivfabrik Arnold Jung, Jungenthal bei Kirchen (Sieg)
Krupp	Friedrich Krupp AG, Abteilung Lokomotivbau, Essen
LHW	Linke-Hofmann-Werke, Breslau
Lokbf	Lokbahnhof
LON	Lokomotiv-Norm
LVA	Lokomotiv-Versuchsabteilung Grunewald; ab 02.02.1938: Lokomotiv-Versuchsamt
MBB	Mecklenburgische Bäderbahn Molli GmbH & Co. KG
MBG	Maschinenbau-Gesellschaft Karlsruhe
O & K	Orenstein & Koppel AG
OKW	Oberkommando der Wehrmacht
PKP	Polnische Staatsbahnen
RAG	Ruhrkohle-AG
RAW/Raw[1]	Reichsbahnausbesserungswerk
RBD/Rbd[1]	Reichsbahndirektion
RVM	Reichsverkehrsministerium
RZA	Reichsbahn-Zentralamt
SAG	Staatliche Aktiengesellschaft der Buntmetallindustrie
SBZ	sowjetische Besatzungszone
Schichau	Ferdinand Schichau, Maschinen- und Lokomotivfabrik, Elbing
SDG	Sächsische Dampfbahn GmbH
SKL	VEB Schwermaschinenbau-Kombinat »Karl Liebknecht« Magdeburg
SMAD	Sowjetische Militäradministration in Deutschland
SMF	Sächsische Maschinenfabrik, vormals Richard Hartmann
SOEG	Sächsisch-Oberlausitzer Eisenbahn-Gesellschaft
SZD	Sowjetische Eisenbahnen
TH	Technische Hochschule
ÜK	Übergangs-Kriegslokomotiven
Union	Union-Gießerei Königsberg
VB	Vereinheitlichungsbüro der Deutschen Lokomotivindustrie
WL	Werklok
WLF	Wiener Lokomotivfabrik AG
Wolf	R. Wolf AG (Abteilung Lokomotivfabrik Christian Hagans in Erfurt)

Anmerkung:

1 Die Generaldirektion der DR führte mit Wirkung zum 1. Juli 1951 die Kleinschreibung der Abkürzungen »RBD« und »RBD« ein.

Literaturverzeichnis

Allgemeine Darstellungen

- DRG (Hrsg.): Die Einheitslokomotiven der Deutschen Reichsbahn; Berlin 1930.
- Doeppner, Alexander: Dampflokomotiven für den Güterschnellverkehr auf Voll- und Schmalspurbahnen, in: Glasers-Annalen, Ausgabe vom 01.10.1937, S. 111–116.
- Düring, Theodor: Die deutschen Schnellzug-Dampflokomotiven der Einheitsbauart, Die Baureihen 01 bis 04 der Typenserie 1925; Stuttgart 1979.
- Fuchs, Friedrich: Bisherige Erfahrungen mit der Typisierung der Reichsbahnlokomotiven, in: Glasers Annalen (Jubiläums-Sonderheft zum 50jährigen Bestehen), S. 3–12.
- Fuchs, Friedrich: Normung, Typisierung und Spezialisierung im Lokomotivbau, in: Eisenbahnwesen, Die Eisenbahntechnische Tagung und ihre Ausstellungen 1924 (Sonderausgabe der Zeitschrift des Vereins deutscher Ingenieure), Berlin 1925, S. 276–288.
- Gerlach, Klaus: Für unser Lokarchiv; Berlin 1961.
- Gottwaldt, Alfred B.: Geschichte der deutschen Einheits-Lokomotiven, Die Dampflokomotiven der Reichsbahn und ihre Konstrukteure; Stuttgart 1978.
- Griebl, Helmut; Wenzel, Hansjürgen: Geschichte der deutschen Kriegslokomotiven; Wien 1971.
- Pfeiffer, Joh.; Zickler, Wolf: 50 Jahre VB – TGA – TGB, 1922–1972; Kassel 1972.
- Stockklausner, Hans: 25 Jahre Deutsche Einheitslokomotive; Nürnberg 1950.
- Wagner, Richard Paul: Die Entstehung der Dampflok-Typisierung in Deutschland, in: Die Lokomotivtechnik, Heft 1/1939, S. 7–15.
- Weisbrod, Manfred; Petznick, Wolfgang: Dampflok-Archiv 1, Baureihen 01 bis 39; Berlin 1982.
- Weisbrod, Manfred; Petznick, Wolfgang: Dampflok-Archiv 2, Baureihen 41 bis 59; Berlin 1983.
- Weisbrod, Manfred; Petznick, Wolfgang: Dampflok-Archiv 3, Baureihen 60 bis 96; Berlin 1982.
- Wendler, Hans (Nationalpreisträger): Die Dampflokomotiven der Deutschen Reichsbahn; Berlin 1952.
- Witte, Friedrich: 25 Jahre Bau von Einheitslokomotiven, in: Jahrbuch des Eisenbahnwesens 1951, S. 100–115; Frankfurt (Main) 1951.

Baureihen-Darstellungen

- Deutsche Reichsbahn (Hrsg.): Kriegslok R 52 (Hilfshefte für das dienstliche Fortbildungswesen Nr. 606); Leipzig 1944.
- Ebel, Jürgen-U: Die Baureihe 06, Riese unter den Einheitsloks, in: Eisenbahn-Kurier, Heft 9/1996, S. 28–33 und Heft 10/1996, S. 22–28.
- Ebel, Jürgen U.; Seiler, Bernd: Die Baureihe 99.77–79; Einheitslok auf schmaler Spur; Freiburg 1994.
- Ebel, Jürgen-U.; Bauchwitz, Peter: Einheitsloks für den Rangierdienst, Die Geschichte der Baureihen 80, 81, 87 und 89.0; Freiburg 1999.
- Ebel, Jürgen-U.; Wenzel, Hansjürgen: Die Baureihe 50, Band 1: Deutsche Reichsbahn; Freiburg 1988.
- Endisch, Dirk: Baureihe 41, Die deutsche Universal-Dampflok; Korntal-Münchingen 2005.
- Endisch, Dirk: Baureihe 43, Die schweren Zweizylinder-Güterzugloks; Korntal-Münchingen 2008.
- Endisch, Dirk: Baureihe 62; Stuttgart 2002.
- Endisch, Dirk: Die Gummi-Lok (Die Baureihe 84), in: Edition Fahrzeug-Chronik, Band 2, S. 30–49.
- Endisch, Dirk: Edel-Renner (Die Baureihe 03.10 der Deutschen Reichsbahn), in: Edition Fahrzeug-Chronik, Band 2, S. 2–29.
- Gottwaldt, Alfred B.: Baureihe 05 – Schnellste Dampflok der Welt; Die Geschichte der Stromlinienlokomotive der dreißiger Jahre; Stuttgart 1981.
- Gottwaldt, Alfred B.: Die Baureihe 61 und der Henschel-Wegmann-Zug; Freiburg 2005.
- Knipping, Andreas: Die Baureihe 86, Das Arbeitstier für Nebenstrecken; Freiburg 1987.
- Konzelmann, Peter: Die Baureihe 44; Freiburg 1981.
- Melcher, Peter: Die Baureihe 64, Der legendäre Bubikopf; Freiburg 1987.
- Obermayer, Horst J.: Baureihe 01.10; Stuttgart 2000.
- Pilkenrodt, Werner: Schmalspur-Riese (Die Baureihe 99.73–76), in: Edition Fahrzeug-Chronik, Band 3, S. 28–53.
- Seiler, Bernd; Ebel, Jürgen U.: Die Baureihe 45, Goliath der deutschen Dampfloks; Freiburg 1996.
- Skasa, Helmut: Kriegslokomotive K 52, Technisches Portrait einer tausendfach produzierten Dampflokomotive; Neustadt bei Coburg 2000.
- Troche, Horst: Die Baureihe 03, Die leichte Einheits-Schnellzuglokomotive der Deutschen Reichsbahn-Gesellschaft; Freiburg 2006.
- Walluhn, Ulrich: Baureihe 03.10; Stuttgart 2004.

39 152 leistet 39 292 bei der Beförderung eines schweren Schnellzugs Vorspanndienste. Konzentriert beobachten die Heizer beider Maschinen die Strecke.

- Weisbrod, Manfred; Brozeit, Wolfram: Die Baureihe 44, Ihr Weg durch sechs Jahrzehnte; Berlin 1983.
- Weisbrod, Manfred; Obermayer, Horst J.: Baureihe 03, Die »leichte« Schwester der 01; Berlin 1995.
- Weisbrod, Manfred; Petznick, Wolfgang: Baureihe 01, Geschichte, Bau und Bewährung einer Schnellzuglokomotive; Berlin 1979.
- Wenzel, Hansjürgen: Die Baureihe 24, Die kleinste Einheits-Schlepptenderlok, Freiburg 2004.

Bildnachweis

Seite 4/5 + 6 Fotos: Bellingrodt, Sammlung Töpelmann, Archiv transpress; Seite 7 bis 19: Fotos: Sammlung Töpelmann, Archiv transpress; Seite 19: Foto: Sammlung Töpelmann, Archiv transpress; Seite 20: Foto: Sammlung Töpelmann, Archiv transpress; Seite 21: Foto: Sammlung Töpelmann, Archiv transpress; Seite 22: Foto: Sammlung Töpelmann, Archiv transpress; Seite 23: Foto: Sammlung Töpelmann, Archiv transpress; Seite 20 bis 39: Fotos: Sammlung Töpelmann, Archiv transpress; Seite 40: Foto: Sammlung Töpelmann, Archiv transpress; Seite 41: Foto: C. Bellingrodt, Sammlung Töpelmann, Archiv transpress; Seite 42: Foto: Sammlung Töpelmann, Archiv transpress; Seite 43: Foto: C. Bellingrodt, Sammlung Töpelmann, Archiv transpress; Seite 44: Foto: C. Bellingrodt, Sammlung Töpelmann, Archiv transpress; Seite 45: Foto: C. Bellingrodt, Archiv transpress; Seite 46 + 47: Fotos: C. Bellingrodt, Sammlung Töpelmann, Archiv transpress; Seite 48: Fotos: Sammlung Töpelmann, Archiv transpress; Seite 49 – oben: Foto: C. Bellingrodt, Sammlung Töpelmann, Archiv transpress; Seite 49 – unten: Foto: Sammlung Töpelmann, Archiv transpress; Seite 50 bis 56: Fotos: Sammlung Töpelmann, Archiv transpress; Seite 57 + 58: Fotos: Sammlung Töpelmann, Archiv transpress; Seite 59: Foto: Archiv transpress; Seite 60 bis 62: Fotos: C. Bellingrodt, Sammlung Töpelmann, Archiv transpress; Seite 63 bis 75: Fotos: Sammlung Töpelmann, Archiv transpress; Seite 76/77: Fotos: C. Bellingrodt, Sammlung Töpelmann, Archiv transpress; Seite 78: Foto: R. Kreutzer, Slg. H.-G. Kleine, Archiv transpress; Seite 79: Foto: Sammlung Töpelmann, Archiv transpress; Seite 80: Foto: Sammlung Töpelmann, Archiv transpress; Seite 81: Foto: C. Bellingrodt, Sammlung Töpelmann, Archiv transpress; Seite 82: Foto: H. Maey, Slg. H.-G. Kleine, Archiv transpress; Seite 83: Foto: Sammlung Töpelmann, Archiv transpress; Seite 84: Foto: C. Bellingrodt, Archiv transpress; Seite 85 – beide : Fotos: Foto (oben): C. Bellingrodt, Slg. H.-G. Kleine, Archiv transpress: Foto (unten): Sammlung Töpelmann, Archiv transpress; Seite 86 - oben: Foto: Sammlung Töpelmann, Archiv transpress; Seite 86 - unten: Foto: C. Bellingrodt, Sammlung Töpelmann, Archiv transpress; Seite 87 - oben: Foto: C. Bellingrodt, Sammlung Töpelmann, Archiv transpress; Seite 87 - unten: Foto: C. Bellingrodt, Sammlung Töpelmann, Archiv transpress; Seite 88 – oben: Foto: C. Bellingrodt, Sammlung Töpelmann, Archiv transpress; Seite 88 – Mitte: Foto: C. Bellingrodt, Slg. H.-G. Kleine, Archiv transpress; Seite 86 – unten: Foto: Sammlung Töpelmann, Archiv transpress; Seite 87 – oben: Foto: Slg. H.-G. Kleine, Archiv transpress; Seite 87 – unten: Foto: C. Bellingrodt; Sammlung Töpelmann, Archiv transpress; Seite 88 – oben: Foto: C. Bellingrodt, Sammlung Töpelmann, Archiv transpress; Seite 88 – unten: Foto: Sammlung Töpelmann, Archiv transpress; Seite 89: Fotos: C. Bellingrodt, Archiv transpress; Seite 90 Foto: Werkfoto, Sammlung Töpelmann, Archiv transpress; Seite 91: Foto: H. Maey, Slg. H.-G. Kleine, Archiv transpress; Seite 92: Foto: Sammlung Töpelmann, Archiv transpress; Seite 93 – oben: Foto: H. Maey, Sammlung Töpelmann, Archiv transpress; Seite 93 – unten: Foto: H. Maey, Sammlung Töpelmann, Archiv transpress; Seite 94 - oben: Foto: Slg. J. Töpelmann, Archiv transpress; Seite 94 - unten: Foto: C. Bellingrodt, Slg. H.-G. Kleine, Archiv transpress; Seite 95 – oben: Foto: Sammlung Töpelmann, Archiv transpress; Seite 95 – unten: Foto: Sammlung Töpelmann, Archiv transpress; Seite 96 – unten: Foto: Sammlung Töpelmann, Archiv transpress; Seite 97: Foto: Belinngrodt, Sammlung Töpelmann, Archiv transpress; Seite 98 - oben; Seite 98 - unten: Foto: Sammlung Töpelmann, Archiv transpress; Seite 99 – unten: Foto: Sammlung Töpelmann, Archiv transpress; Seite 100/101: Fotos: Slg. J. Töpelmann, Archiv transpress; Seite 102 – oben: Foto: Sammlung Töpelmann, Archiv transpress; Seite 102 – unten: Sammlung Töpelmann, Archiv transpress; Seite 103: Fotos: Sammlung Töpelmann, Archiv transpress; Seite 104 – oben: Foto: Bellingrodt, Slg. Kleine, Archiv transpress; Seite 104 – unten: Foto: Bellingrodt, Sammlung Töpelmann, Archiv transpress; Seite 105 – oben: Foto: Bellingrodt, Sammlung Töpelmann, Archiv transpress; Seite 105 – unten: Foto: W. Hubert, Sammlung Töpelmann, Archiv transpress; Seite 106/107: Fotos: C. Bellingrodt, Sammlung Töpelmann, Archiv transpress; Seite 108: Foto: C. Bellingrodt, Sammlung Töpelmann, Archiv transpress; Seite 109 - oben: Foto: Sammlung Töpelmann, Archiv transpress; Seite 109 - oben: Foto: C. Bellingrodt, Sammlung Töpelmann, Archiv transpress; Seite 110 - oben: Foto: C. Bellingrodt, Sammlung Töpelmann, Archiv transpress; Seite 110 - unten: Foto: C. Bellingrodt, Sammlung Töpelmann, Archiv transpress; Seite 111: Foto: Slg. J. Töpelmann, Archiv transpress; Seite 112: Foto: C. Bellingrodt, Archiv transpress; Seite 113: Foto: C. Bellingrodt, Sammlung Töpelmann, Archiv transpress; Seite 114 – oben links: Foto: W. Hubert, Sammlung Töpelmann, Archiv transpress; Seite 114 – oben rechts: Foto: W. Hubert, Sammlung Töpelmann, Archiv transpress; Seite 114 – unten: Foto: C. Bellingrodt, Sammlung Töpelmann, Archiv transpress; Seite 115: Fotos: Slg. J. Töpelmann, Archiv transpress; Seite 116 – oben: Foto: C. Bellingrodt, Sammlung Töpelmann, Archiv transpress; Seite 116 – unten: Foto: C. Bellingrodt, Slg. J. Töpelmann, Archiv transpress; Seite 117 – oben: Foto: C. Bellingrodt, Sammlung Töpelmann, Archiv transpress; Seite 117 – unten: Foto: W. Hubert, Sammlung Töpelmann, Archiv transpress; Seite 118 – oben: Foto: C. Bellingrodt, Slg. H.-G. Kleine, Archiv transpress; Seite 118 – unten links: Foto: C. Bellingrodt, Sammlung Töpelmann, Archiv transpress; Seite 118 – unten rechts: Foto: C. Bellingrodt, Sammlung Töpelmann, Archiv transpress; Seite 119: Foto: C. Bellingrodt, Slg. J. Töpelmann, Archiv transpress; Seite 120: Foto: Slg. J. Töpelmann, Archiv transpress; Seite 121: Foto: C. Bellingrodt, Sammlung Töpelmann, Archiv transpress; Seite 122 – unten: Foto: Werkbild, Sammlung Töpelmann, Archiv transpress; Seite 123: Foto: C. Bellingrodt, Sammlung Töpelmann, Archiv transpress; Seite 124 bis 138: Fotos: Sammlung Töpelmann, Archiv transpress; Seite 139: unbekannt, Sammlung Töpelmann, Archiv transpress.

WEITERE INTERESSANTE BÜCHER ZUM THEMA

Dieser Band lässt noch einmal die letzten mehr als 20 Jahre des Dampfbetriebs bei der Deutschen Reichsbahn der DDR Revue passieren. Der Leser wird mitgenommen auf eine Reise durch das Reichsbahnland. Dabei kommen weder der geschichtliche Aspekt, noch die Technik zu kurz.
240 Seiten, 380 Bilder,
Format 230 x 265 mm
ISBN 978-3-613-71538-7
€ 19,95 / € (A) 20,60

Wie funktioniert die Dampflok? Diese Frage beantwortet Dirk Endisch in seinem Buch. Kompetent und verständlich erklärt er Schritt für Schritt die Technik der Dampfrösser und bietet fundiertes Wissen für jeden, der sich für Technik und Funktion dieser Fahrzeuge interessiert.
144 Seiten, 146 Bilder,
Format 230 x 265 mm
ISBN 978-3-613-71525-7
€ 24,90 / € (A) 25,60

In seinem unverwechselbaren Erzählstil berichtet der Autor über Führerstandsmitfahrten auf Lokomotiven aller drei Traktionsarten. Dabei erläutert er nicht nur die Technik der eindrucksvollen Maschinen, sondern beschreibt auch die Menschen, die ihm dabei begegneten.
128 Seiten, 56 Bilder,
Format 210 x 242 mm
ISBN 978-3-613-71514-1
€ 19,95 / € (A) 20,60

Wer sich erinnern kann an die Bewegungen von Treib- und Kuppelstange und an den harten Auspuffschlag einer Dreizylindrigen, der weiß, worin die Faszination der Dampflok liegt. Wolfgang Hecht lässt sie hier noch einmal vorbeirollen, die schwarzen Giganten der Schiene.
128 Seiten, 138 Bilder,
Format 210 x 242 mm
ISBN 978-3-613-71448-9
€ 19,95 / € (A) 20,60

Stand März 2017
Änderungen in Preis und Lieferfähigkeit vorbehalten.

Überall, wo es Bücher gibt, oder unter
WWW.MOTORBUCH-VERSAND.DE
Service-Hotline: 0711 / 78 99 21 51